“十二五”职业教育国家规划教材 修订版

经全国职业教育教材审定委员会审定

电梯安装与调试

第2版

U0155189

主　编　石春峰

参　编　杨志全　白崇彪　武卫霞　张宗耀

主　审　王贯山　梁洁婷

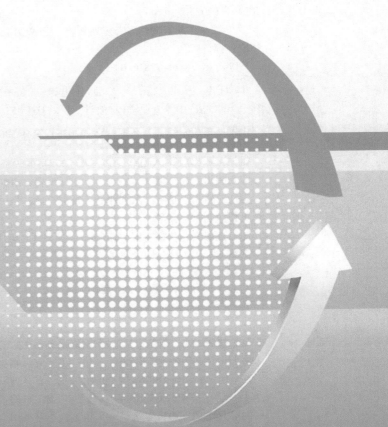

机械工业出版社

CHINA MACHINE PRESS

本书为"十二五"职业教育国家规划教材修订版，根据"电梯安装与维修保养"专业要求和职业教育特点，把理论知识和实践技能有机地结合起来，以应用型职业岗位需求为中心，以学生能力培养、技能实训为本位精心编写而成。

本书以项目为载体，主要内容包括导向机构的安装、机房设备的安装与维保、轿厢系统的安装与维保、层站设备的安装与维保、井道设备的安装与维保、电梯调试及试验。每个项目下设若干任务，每个任务设置"任务描述""知识铺垫""工程施工""工程验收""维护保养""情境解析""特种设备作业人员考核要求""对接国标""知识梳理"等环节。其中"特种设备作业人员考核要求""对接国标""知识梳理"等内容以二维码形式展现，通过扫描二维码进行线上测试及阅读相关的拓展资料。

本书可作为中等职业学校电梯安装与维修保养专业或电气设备运行与控制专业对应课程教材，也可作为电梯岗位相关职业培训用书。

为方便教学，本书配套电子教案、助学课件、习题及答案等资源，选择本书作为授课教材的教师可登录 www.cmpedu.com 注册并免费下载。

图书在版编目（CIP）数据

电梯安装与调试/石春峰主编. —2 版. —北京：机械工业出版社，2023.4（2025.1重印）

"十二五"职业教育国家规划教材　经全国职业教育教材审定委员会审定：修订版

ISBN 978-7-111-72816-0

Ⅰ. ①电… Ⅱ. ①石… Ⅲ. ①电梯–安装–中等专业学校–教材②电梯–调试方法–中等专业学校–教材　Ⅳ. ①TU857

中国国家版本馆 CIP 数据核字（2023）第 045867 号

机械工业出版社（北京市百万庄大街 22 号　邮政编码 100037）
策划编辑：赵红梅　　　　　　责任编辑：赵红梅　高亚云
责任校对：李小宝　贾立萍　　封面设计：张　静
责任印制：单爱军
北京虎彩文化传播有限公司印刷
2025 年 1 月第 2 版第 4 次印刷
184mm×260mm · 15.5 印张 · 382 千字
标准书号：ISBN 978-7-111-72816-0
定价：48.50 元

电话服务　　　　　　　　　　网络服务
客服电话：010-88361066　　　机　工　官　网：www.cmpbook.com
　　　　　010-88379833　　　机　工　官　博：weibo.com/cmp1952
　　　　　010-68326294　　　金　　书　　网：www.golden-book.com
封底无防伪标均为盗版　　机工教育服务网：www.cmpedu.com

前 言

本书是"十二五"职业教育国家规划教材修订版,根据"电梯安装与维修保养"专业设置,参考电梯安装维修工职业资格标准修订而成。

通过对本书的学习,可以使学生掌握电梯的基本结构、安装方法、验收要点、维保要求、调试方法,具备安全、节约、环保和团结协作的意识以及一丝不苟的工作态度和与客户良好的沟通能力。

本书每个项目下设若干任务,每个任务设置几个栏目,具体如下:

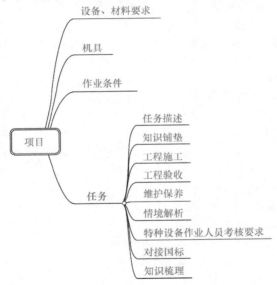

本书编写思路与特色:

(1) 借鉴电梯行业关于电梯安装、维保与调试的工艺流程。

(2) 注重电梯相关国家标准和行业规范的渗透,相关标准条款以二维码形式呈现,通过扫码可轻松阅读。

(3) 工艺流程以图文并茂的方式呈现。

(4) 对接特种设备作业人员考核要求,以二维码形式呈现,可以加强与电梯上岗证考试相关的知识和技能训练。

(5) 每个项目加入思维导图,可扫描二维码轻松阅读。

本书教学建议:

(1) 采用理实一体化教学,把电梯真实设备或实训设备引入课堂。

(2) 采用丰富的图片、3D动画等教学资源。

(3) 以小组形式组织教学,充分发挥学生主体性。

（4）采用多种评价机制，激发学生的学习兴趣，将过程评价和结果评价相结合。可以通过实操、笔试、口试等方法检验学生的专业技能水平、工作安全意识、5S 管理意识等，逐步建立学生的发展性考核与评价体系。

（5）在教学过程中不断渗透国家标准和行业规范，让学生规范操作。

本书由石春峰担任主编，杨志全、白崇彪、武卫霞、张宗耀参与编写，全书由王贯山、梁洁婷主审。

由于编者水平有限，书中难免存在疏漏之处，敬请读者批评指正。

编　者

目　录

项目一

导向机构的安装

 设备、材料要求

1）脚手架材料有杉木、毛竹和钢管 3 种。目前多用钢管，管径 50～65mm，配有管接头或扣件。

2）木板脚手板，厚度应不小于 50mm。

3）样板架方木应无节不易变形，烘干、四面刨平、平直方正。

4）样板架也可采用 L40×40 的角钢制作。

 机具

本项目施工所用到的机具见表 1-1。

表 1-1　导向机构安装所用机具

电锤	锤子	錾子	板牙
直角尺	钢直尺	盒尺	瓦工工具

（续）

吊线锤 	木工工具 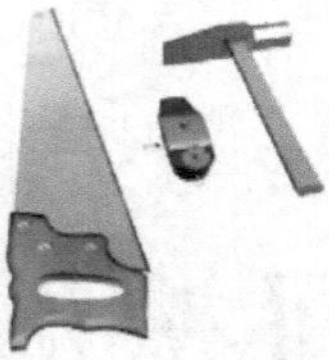	水平尺 	木工锯 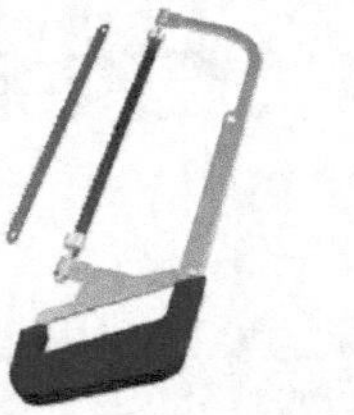
电工钳 	挡圈钳 	扳手 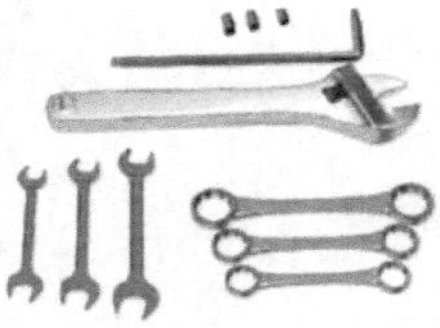	螺钉旋具 
多用旋具 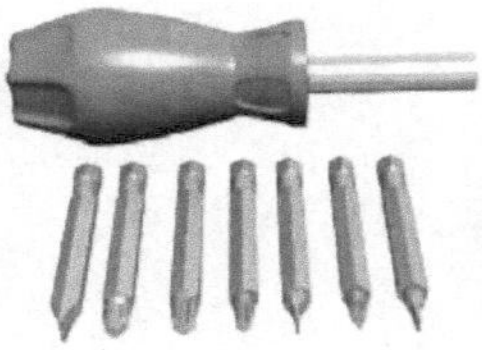	内六角扳手 	电烙铁 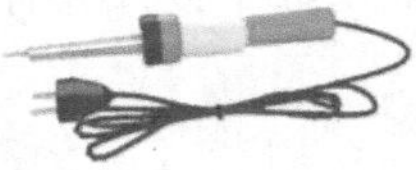	台虎钳 
锉刀 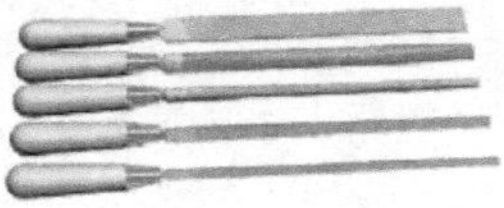	划针 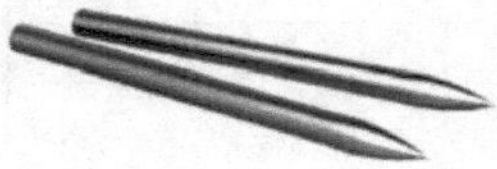	自定心卡盘 	手电钻 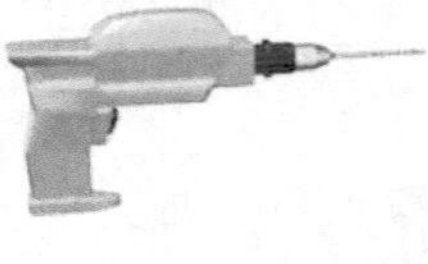
角磨机 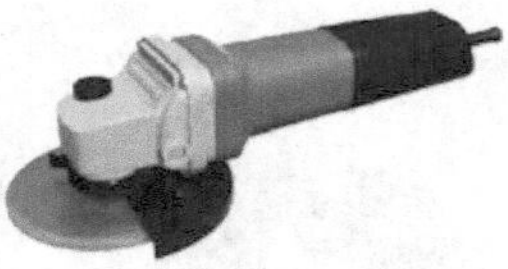	砂轮锯 	台钻 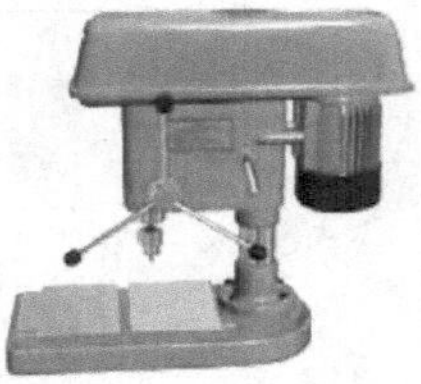	丝锥 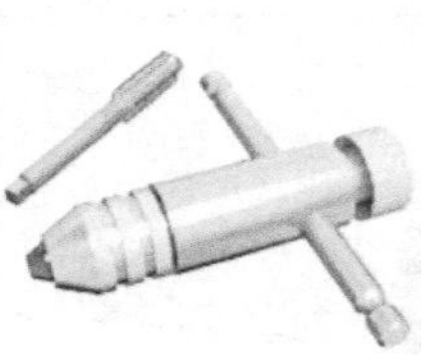

（续）

倒链	滑轮	对讲机	C 形夹头
钢丝绳扎头	锁具卸扣	液压千斤顶	小型卷扬机
橡胶锤	找道尺	磁性线坠	起重吊装绳索

任务一　脚手架的搭设

【任务描述】

　　某建筑工地，电梯井道底坑已经清理干净，而且符合相关规范，需要有施工资质的专业人员搭设既能确保安全质量又能进行安装作业的脚手架。脚手架与脚手板如图 1-1 所示。

【知识铺垫】

　　井道脚手架是电梯井道内施工人员的作业平台。脚手架搭设前应先清理底坑、机房及隔音层、层门口等处的杂物。脚手架的材料应根据井道脚

图 1-1　脚手架与脚手板

手架图样的要求，采用金属管和管卡制成，也可用毛竹或杉木捆扎而成，应具备安全可靠、稳定性好、攀登容易等特点，同时要有防火措施。

一、脚手架的安装要求

1）脚手架立杆最高点宜位于井道顶板下 1000 ~ 1500mm 处，以便平稳放置样板架。顶层脚手架立杆采用4根短管，拆除此短管后，余下的立杆顶点应在最高层牛腿下面500mm 处，以便于轿厢安装。4 根立杆在位于顶层牛腿下 200 ~ 500mm 处应有接头，在顶层高度内架设脚手架应采用短立柱，以便于在拼装轿厢时拆除，如图 1-2 所示。

2）脚手架应使用钢管搭设，如图 1-3 所示。脚手架立杆横距宜在 1.8m 以下。为便于安装作业，每层层门牛腿下面 200 ~ 400mm 处应设大横杆，如图 1-4 所示。两大横杆上应设小横杆，便于上下攀登，脚手架每层最少铺2/3 面积的脚手板，板厚应不小于50mm，板与板之间空隙应不大于50mm，各层交错排列，以减小坠落危险。

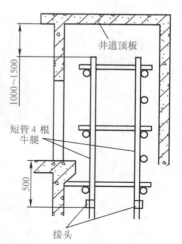

图 1-2　高层脚手架

图 1-3　钢管脚手架

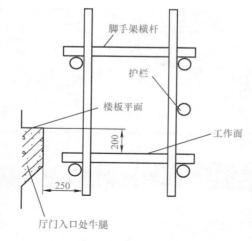

图 1-4　大、小横杆

3）脚手板两端探出排管 150 ~ 200mm，并用 8#铅丝与排管绑牢，如图 1-5 所示。

4）确定脚手架平面布置尺寸时，应考虑轿厢、轿厢导轨、对重、对重导轨、层门以及电线槽管、接线盒之间的相对位置，在这些位置前面留出适当的空隙，以便于吊挂铅垂线，如图 1-6 和图 1-7 所示。

5）为防止脚手架摇摆，应在每5m（或每3层脚手板）的间隔与墙壁进行抵住支撑，脚手架的顶部也应与墙壁支撑，如图 1-8 所示。

6）脚手架必须经过安全技术部门检查，验收合格后方可使用。

拆除脚手架必须自上而下逐层进行，严禁上下同时拆除，拆除时应注意现场成品保护，其他无关人员不得进入现场；拆除完毕后清理现场，材料堆放整齐，以待撤离现场，必要时由总承包方进行数量清点，清点无误后方可离开现场。

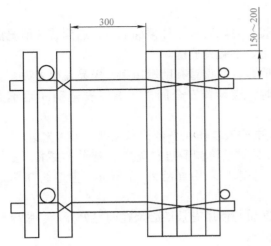

图 1-5　脚手板与脚手架捆绑

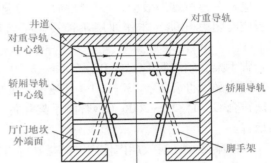

图 1-6　确定脚手架尺寸之一

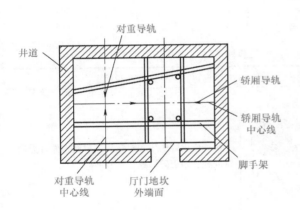

图 1-7　确定脚手架尺寸之二

图 1-8　脚手架与墙壁支撑

二、脚手架的安全规范

脚手架作为电梯安装的工作平台，应由专业单位、专业人员搭建。严禁擅自拆除脚手架。确因作业需要临时变更局部脚手架时，应经充分论证，在作业完成后迅速恢复原状。

搭设、拆除脚手架时应穿戴好个人劳防用品。脚手架应是牢靠的结构，脚手架踏板应可靠固定。脚手架爬梯应牢靠且安装扶手，方便安全上下。不准将易燃易爆品放置在脚手架上。

严禁在脚手架上从事气割作业，或将脚手架钢管用作电焊作业的搭铁回路。

拆除脚手架时，严禁将扣件或钢管向下抛掷，避免发生坠物伤人和损毁器材的危险。

电梯井道内脚手架的安全是整个安装过程中最为突出的施工安全，万一发生任何偏差，则可能引发群死、群伤的重大安全责任事故。因此，必须对整个脚手架工程以及在脚手架上作业的整个施工过程加以严格的控制与管理。

施工人员应尽量避免在作业平台上、下攀爬，可以通过厅外楼梯上下，遇到特殊情况需要在上下或相邻作业平台间攀爬时，需要设置上、下爬升通道。

电梯井道有烟囱效应，楼层越高，效应越明显，对火星有助燃作用，极易发生火灾，脚手板应有阻燃功能。非作业层不铺设脚手板时，应设置安全网，上下层安全网间距不大于10m。

脚手架必须按照 DG/TJ 08 - 2053—2009《电梯安装作业平台技术规程》要求搭设。

钢管必须符合 JGJ 130—2011《建筑施工扣件式钢管脚手架安全技术规范》要求，扣件必须符合 GB 15831—2006《钢管脚手架扣件》要求。采用直径为 48.3mm、壁厚为 3.6mm 的钢管。

脚手架必须在有效期内使用，其搭建许可资质与使用有效期必须在明显处标示，脚手架在进行修整或维护保养后必须重新按要求予以标示。

脚手架在搭建单位搭建完成并自检合格挂牌后，工地监理、项目经理、安装队长应会同搭建单位共同按要求进行符合性验收，应在符合要求的情况下进行施工，电梯安装工人在每次使用前都必须进行必要的检查，合格后方可使用。

【工程施工】

电梯井道脚手架搭设施工步骤见表1-2。

表1-2 脚手架搭设步骤

序号	步骤名称	图例	安装说明
1	准备扣件	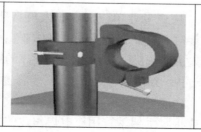	准备搭设脚手架的扣件，并检查扣件有无质量问题、是否破损等

经验寄语：应选用符合 JGJ 130—2011《建筑施工扣件式钢管脚手架安全技术规范》的 ϕ48.3mm × 3.6mm 的优质脚手架钢管及铸钢扣件搭设脚手架。一般情况下，井道高度超出30m 时应采用双立杆加固；超出60m 时应用工字钢隔断，并采用悬挑措施，以保证脚手架的承受量

| 2 | 扣紧第一环 | | 把扣件的其中一环扣紧在脚手架的立杆上 |

经验寄语：管材与扣件必须由法定的专业厂制造与认证，并在搭设前经过特定的认可。脚手架必须可靠接地，各杆接地电阻应 <4Ω

（续）

序号	步骤名称	图例	安装说明
3	张开第二环		待第一环固定在立柱上后，打开扣件的第二环，准备好横杆
4	固定横杆		用扣件把横杆和立杆固定好

经验寄语：脚手架搭设要稳固，每根横杆的一头要顶住井道壁，保证脚手架在井道内不晃动

| 5 | 固定其余横杆 | | 把每节的4个横杆都固定好 |

经验寄语：横杆上下间隔要适中，一般为600～800mm，便于施工时上、下攀登，并在脚手架任一侧的各层两横梁间增加一攀登用的横梁

| 6 | 完成 |  | 完成脚手架的横杆和立杆架设。钢管脚手架应可靠接地，接地电阻应<4Ω |

经验寄语：脚手架每完成一层，应按规范校正步距、纵距、横距及立杆的垂直度。立杆相邻的对接扣件不应在同一高度，以确保脚手架稳固

（续）

序号	步骤名称	图例	安装说明
7	铺设作业平台		在脚手架合适位置放置脚手板，两端与横杆要用铁丝绑扎牢靠，各层间的脚手板应交错排放，并有防火措施

经验寄语：每层层门牛腿下方200mm处，宜用脚手板或竹排铺设作业平台，便于安装地坎、层门立柱和层门

序号	步骤名称	图例	安装说明
8	抵住支撑	每5m(或每3层脚手板)间隔与墙壁进行抵住支撑	每隔5m或每3层脚手板间隔，就要把脚手架与墙壁进行抵住支撑。离井道顶1800mm，也用脚手板或竹排铺设作业平台，便于安装放样线样板架

经验寄语：脚手架搭设完毕后需自检，检查钢管的垂直度、尺寸、扣件的紧固力是否满足电梯安装需要。安全负责人有权对违规使用行为进行监督指正，并定期（两个月）对脚手架进行安全复查；使用中需临时变更局部井道脚手架结构时，安全负责人有责任做好安保措施，并核实、落实

【工程验收】

脚手架搭设完成后，即可参考表1-3的要求进行验收。

表1-3　脚手架验收

序号	验收要点	图例
1	脚手架立杆最高点位于井道顶板下1.0～1.5m处为宜，以便于放稳样板	脚手架立管最高点位于井道顶板下1.0～1.5m处为宜，以便放稳样板 脚手架排管档距以1.4～1.7m为宜，以便于安装作业

（续）

序号	验收要点	图例
2	脚手架的立杆横距宜为1.8m以下	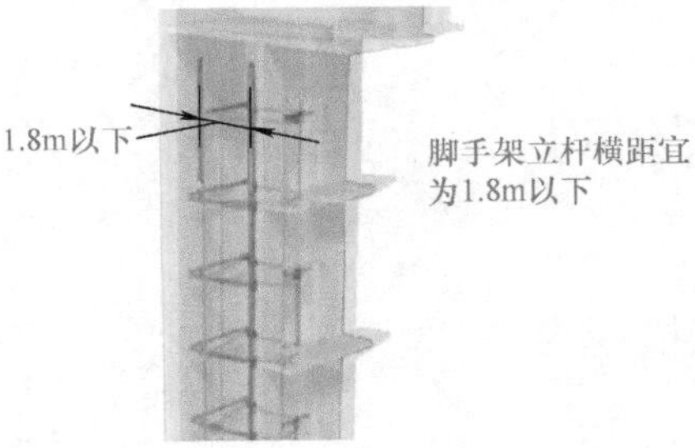
3	脚手板的宽度不应小于300mm，厚度不应小于50mm	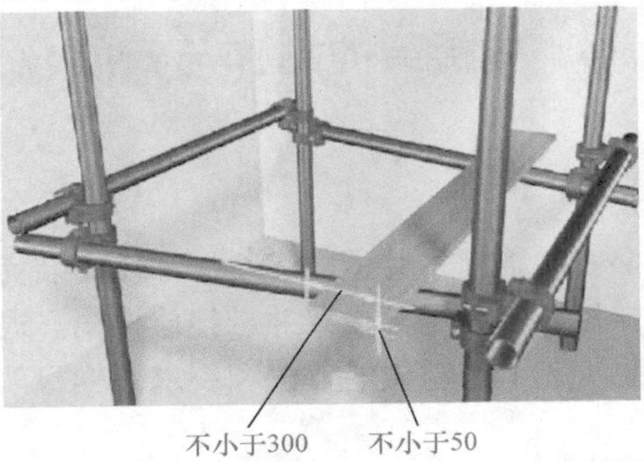
4	相邻脚手板之间的空隙不应大于50mm，每层的脚手板用8#铅丝与脚手架横杆绑牢	
5	脚手板两端探出排管150～200mm为宜	

【情境解析】

情境：脚手架检查维护不到位。

解析：脚手架在使用过程中应每月进行一次安全检查和维护。脚手架停用2个月以上的在恢复使用前必须进行安全检查，只有在检查合格后方可使用。

【特种设备作业人员考核要求】

【对接国标】

【知识梳理】

任务二　样板架的制作与安放

【任务描述】

　　某电梯安装工地，井道内脚手架都已安装完毕，且经过质检部门验收，根据工程进度，需要制作样板架、固定样板架并悬挂放样线。通过完成此任务，可以掌握样板架的制作要求和制作安装工艺、放样线的方法和要求。样板架和放样线如图1-9所示。

图1-9　样板架和放样线

【知识铺垫】

　　在电梯安装前，确定电梯安装的标准线是关系到电梯安装内在质量和外观质量必不可少的关键性工作。

　　电梯安装标准线是通过在制作的放线样板架上，悬挂下放的铅垂线位置来确定的。而样板架下放铅垂线的位置是依据电梯安装平面布置图中给定的参数尺寸，并考虑井道实际尺寸来确定的，或者参考井道较小修复条件下的参数尺寸。

　　一、样板架的制作要求

　　样板架必须制作得精确、结实，并符合布置图上标出的尺寸要求。样板架的厚度和宽度与提升高度的关系见表1-4。

样板架应选择用无节疤不易变形、经过烘干处理的木料，并且应四面刨光、平直方正。当提升高度增高，木材厚度应相应增大，或采用50mm×5mm角钢制作，所用型材应具有出厂检验报告和出厂合格证。

表1-4　样板架的厚度和宽度与提升高度的关系

提升高度/m	厚度/mm	宽度/mm
<20	40	80
20~60	50	100
>60	60	100

一般情况下，顶部和底部各设置一个样板架。但在安装基准线由于环境条件影响可能发生偏移的情况下和建筑体有较大的日照变形的情况下应增加一个或一个以上的中间样板架。样板架的平面形状如图1-10所示。

样板架应在平坦地面上制作。制作时应准确，相互间位置尺寸允差为±0.5mm。

为了便于安装时观测，在样板架上必须用文字清晰地注明轿厢中心线、对重中心线、层门和轿门中心线、层门和轿门门口净宽、导轨中心线等名称。

加工横断面不小于100mm×100mm的木方（架设样板），如图1-11所示。角钢、ϕ16mm膨胀螺栓，如图1-12所示。U形卡钉、钉子、ϕ0.4~1mm钢丝、20#~22#铅丝、8#铅丝等，如图1-13所示。

图1-10　样板架平面形状

图1-11　木方

图1-12　膨胀螺栓

图1-13　铅丝

二、机房放线

1）井道样板架架设完成后，还要进行机房放线工作，校核确定机房各预留孔洞的准确位置，为曳引机、限速器等设备的定位安装做好准备。

2）用线坠通过机房预留孔洞，将样板上的轿厢导轨中心线、对重导轨中心线、地坎安装基准线等引到机房地面上来。

3）以图样尺寸要求的导轨轴线、轨距中线、两垂直交叉十字线为基础，弹划出各绳孔的准确位置。

4）根据弹划线的准确位置，修正各预留孔洞，并可确定承重钢梁及曳引机的位置，为机房的全面安装提供必要的条件。

三、搭设样板架的作业安全

1）凡是进入井道现场作业的，必须使用、穿戴相关的劳防用品。

2）井道内应放置不少于两根生命线，作业时为防止发生作业人员坠落危险，个人应使用全身式保险带，并将保险带的止回锁系挂在生命线上进行作业，每条生命线只准一人使用。

3）放线时处于立体作业环境，应预先将机房通向井道开口以及各层门洞口全部封堵，井架平台上不堆杂物，使用的工具用绳索系住，以防坠落伤害下方作业人员。

【工程施工】

样板架制作与安装的工艺流程见表 1-5。

表 1-5　样板架制作与安装的工艺流程

序号	步骤名称	图例	安装说明
1	样板框架制作		用厚度不小于 80mm、宽 100mm 的矩形木条作为门口样板、轿厢样板、对重样板的支撑底座
	经验寄语：制作样板架时先要对电梯土建布置图进行仔细阅读。样板架制作正确与否关系到电梯的安装质量		
2	轿厢样板制作		在样板底座上固定轿厢样板
	经验寄语：样板架在制作完后应校对框架的对角线，使对角线相对偏差不大于 2mm，并用木料将框的四角固定住，以保证样板架的准确性		

（续）

序号	步骤名称	图例	安装说明
3	对重样板制作		在样板底座上固定对重样板
4	核定尺寸	 A—轿厢宽　B—对重导轨架距离 C—轿厢架中心线至轿底后缘的距离 D—轿厢架中心线至对重中心线的距离 E—轿厢深　F—轿厢导轨架距离	核定样板架的各部分尺寸是否符合要求，并在样板架上做必要标注
5	制作样板架搁置支架	距井道顶板下1m左右将角钢用膨胀螺栓固定于井道壁上	在井道顶层距楼板1m左右部位先用膨胀螺栓固定井道壁一边的角钢两端，校正水平，允许误差为1/1000

经验寄语：将此边角钢安装高度对应到对面井道壁上并划线，用膨胀螺栓固定井道壁对面的角钢，校正水平，允许误差为1/1000，同时校正两对角钢的高度差不大于2mm

序号	步骤名称	图例	安装说明
6	安装固定木梁		将用两个四面刨平且互成直角的截面积大于0.1m×0.1m的木料制成的样板托架架设至井道壁上的角钢上
7	安装上样板架		将样板架安装在托架上，并将两者校正呈相互平行。往复测井道，根据各层层门、井道平面布置、机房承重梁位置等综合因素校正样板架位置，确认无误后将样板架固定在托架上，放下所需的铅垂线

经验寄语：在样板架上需要垂下铅垂线的各处，预先用薄锯条锯一斜口，在其旁钉一铁钉，以固定铅垂线。可靠固定在角铁上，不能移位

（续）

序号	步骤名称	图例	安装说明
8	放层门样板线	门口样板线落线点	在样板架上按已确定的落线点先放下开门净宽线，初步确定样板架的位置，作为井道其他放线的参照基准。钢丝一头缠绕于样板架斜口附近及斜口旁铁钉上，另一头通过斜口放至底坑

经验寄语：铅垂线的规格采用 $\phi0.71 \sim 0.91$mm 的镀锌铁丝，铅垂线至底坑端部坠一重约5kg的铅锤将铅垂线拉直。对提升高度较高的建筑，可根据情况使铅锤重些，铅垂线也可使用 $\phi0.7 \sim 1.0$mm 的低碳钢丝

9	样板刻槽	钢锯条或电工刀刻的小槽　　放线木板　　铅丝或钢丝　　线坠	在挂铅垂线时，如果井道偏差较大，应在保证运动部件距井道壁不小于50mm的前提下，将上下样板架适量移动，尽量减少剔凿，但上下样板架水平偏差不应大于1mm

经验寄语：必须保证所有层门地坎、门柱、挂件、层门板活动区域与土建不冲突，尽量将层门部件与土建最突出点的间隙控制在 6~10mm

10	确定轿厢导轨样板线落线点	轿厢导轨样板线落线点	参照层门垂线并结合井道平面图，确定轿厢导轨放线点
11	确定对重导轨样板线落线点	对重导轨样板线落线点	参照层门垂线并结合井道平面图，确定对重导轨落线点

（续）

序号	步骤名称	图例	安装说明
12	固定上样板架	 调整上样板架，寻找电梯安装位置	样板架一端顶住井道壁，另一端用木楔楔紧
13	安装下样板架支撑木梁		在底坑坚固地面上制作下样板架支撑底座，并固定好

经验寄语：或者在距底坑0.8~1.0m的井道壁两侧安装4根平行相对的角钢，供放置下样板架用

序号	步骤名称	图例	安装说明
14	固定下样板架	 在底坑上800~1000处用方木支撑固定下样板架	为了防止铅垂线晃动，在底坑距地面800~1000mm高度处，固定一个与井道顶部相似的下样板架，下样板架的一端顶在墙体上，另一端用木楔固定住，下端用立木支撑
15	稳固铅垂线		待铅垂线稳定后，确定位置正确，用U形钉将垂线固定在木梁上，并且刻以标记，以便在施工中若将铅垂线碰断时重新垂线之用

经验寄语：将井道样板架基准尺寸引入机房，以满足机房搁机梁、曳引机、导向轮、限速器的安装位置确定

【工程验收】

样板架搭设完成后，即可参考表1-6的要求进行验收。

表1-6　样板架验收要求

序号	验收要点
1	样板水平偏差不得大于3/1000
2	样板应牢固、准确，制作样板时，样板架托架木质、强度必须符合规定要求，保证样板架不会发生变形或塌落事故
3	样板架托架应牢固地安装在井道壁上，不允许作其他承重之用。托架水平度、等高度应≤2mm，保证样板架放置的水平度公差为1/1000
4	放样板时井道上下作业人员应保持联络畅通
5	放样板工具和材料应装入工具袋中，并固定在工作平台上确保不会坠落。如在井道中不易固定，则应在不使用时随时退出井道
6	底坑配合人员应在放样人员允许时才可进入底坑，并保持联络。放钢丝线时，钢丝线上临时所拴重物不得过大，必须捆扎牢固，放线时下方不得站人
7	基准线尺寸必须符合图样要求，各线偏差不应大于±0.3mm，基准线必须保证垂直
8	确定轿厢导轨基准线时，应先复核图样尺寸与实物是否一致，不一致时应以实物为准，并经核验

【情境解析】

情境：样板垂线固定完毕后没有进行复核。

解析：样板垂线固定完毕后，安装人员应进行复核，各样板垂线坐标尺寸应与井道平面布置图相符。同时确认，井道门吊线能满足层门地坎安装尺寸、门立柱不与土建预留孔相干涉。每次作业前，均应复查一次基准线，确认无移位，与其他物体不接触后，方可作业。

【特种设备作业人员考核要求】

【对接国标】

【知识梳理】

任务三　导轨支架的安装

【任务描述】

某电梯安装现场梯井墙面施工完毕，其宽度、深度（进深）、垂直度符合施工要求。底

坑已按设计标高要求打好地面。电梯施工用脚手架要符合有关的安全要求，承载能力
≥2.5kPa，符合安装导轨支架和安装导轨的操作要求。井道施工要用36V以下的低压电照
明。每部电梯井道要单独供电（用单独的开关控制），且光照亮度要足够大。上、下通信联
络设备要调试好。厅门口、机房、脚手架上、井道壁上无杂物，厅门口、机房孔洞要有相应
的防护措施，以防止物体坠落梯井。要在无风和无其他干扰情况下作业。根据工程进度，需
要安装导轨支架。导轨支架如图1-14所示。

图1-14　电梯导轨支架

【知识铺垫】

安装导轨前，先要安装导轨支架。导轨支架按电梯安装平面布置要求，固定在电梯井道
内的墙壁上，以支撑和固定导轨构件。

导轨支架在墙壁上的固定方式有埋入式、焊接式、预埋螺栓或膨胀螺栓固定式、对穿螺
栓固定式4种。

最底导轨支架距底坑1000mm以内，最高导轨支架距井道顶不大于500mm，中间导轨架
间距≤2500mm且均匀布置，如与接导板位置相遇，间距可以调整，错开的距离不小于
30mm，但相邻两层导轨支架间距不能大于2500mm。

（1）埋入式　结构稳固，导轨架比较简单，支架通过撑脚直接埋入预留孔中，其埋入
深度一般不小于120mm，多用于砖结构井道壁，如图1-15所示。

（2）焊接式　用于有预埋件的钢筋混凝土井道壁，支架直接焊接在预埋件上，如
图1-16所示。井道壁有预埋件时，安装前要先清除其表面混凝土。

1）按安装导轨支架垂线核查预埋件位置，若其位置偏移，达不到安装要求，可在预埋
件上补焊铁板。铁板厚度 $\delta \geqslant 16$mm，长度一般不超过300mm。当长度超过200mm时，端部
用不小于 $\phi 16$mm 的膨胀螺栓固定于井壁。加装铁板与原预埋件搭接长度不小于50mm，要
求三面满焊（见图1-17）。

2）导轨支架安装前要复核基准线，其中一条为导轨中心线，另一条为导轨架安装辅助
线，一般导轨中心线距导轨顶面10mm，与辅助线间距为80～100mm。

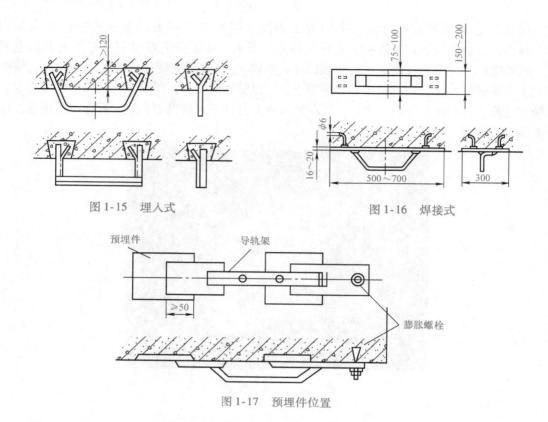

图 1-15 埋入式

图 1-16 焊接式

图 1-17 预埋件位置

3）安装导轨支架前，要复核由样板上放下的基准线，基准线距导轨支架平面 1～3mm，两线间距一般为 80～100mm，其中一条是以导轨中心为准的基准线，另一条是安装导轨支架辅助线（见图 1-18）。

4）测出每个导轨支架距墙的实际距离，并按顺序编号进行加工。

5）根据导轨支架中心线及其平面辅助线，确定导轨支架位置，进行找平、找正，然后进行焊接。

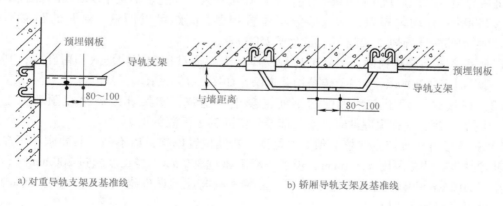

a) 对重导轨支架及基准线

b) 轿厢导轨支架及基准线

图 1-18 导轨支架及基准线

6）为保证导轨支架平面与导轨接触面严实，支架端面垂直误差应小于1mm。

7）导轨支架的水平度≤5mm，导轨支架顶面 $a<1$mm，导轨顶面如图1-19所示。

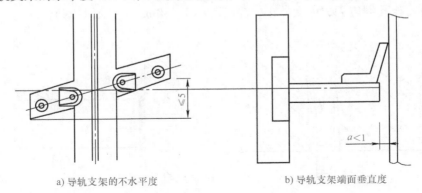

a) 导轨支架的不水平度　　　　　b) 导轨支架端面垂直度

图1-19　导轨顶面

（3）对穿螺栓固定式　用于井道壁厚度小于120mm时，用螺栓穿透井道壁，以固定支架。若电梯井道壁较薄，不宜使用膨胀螺栓固定导轨支架且又没有预埋件，不宜使用膨胀螺栓固定，可采用井道壁打透眼，用螺栓固定铁板（$\delta \geqslant 16$mm）。对穿处，井道壁外侧靠墙壁要加100mm×100mm×12mm的钢板，以增加强度。如图1-20所示，将导轨支架焊接在钢板上。

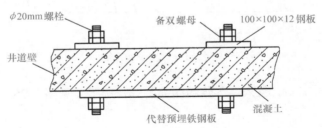

图1-20　导轨支架焊接在钢板上

（4）膨胀螺栓固定式　利用膨胀螺栓套筒的叉口被拧紧，螺栓撑开，进入墙壁中来固定导轨架。通常用于钢筋混凝土井道壁，目前广泛采用，膨胀螺栓固定式如图1-21所示。

用膨胀螺栓固定导轨支架时，应使用产品自带的膨胀螺栓，或者使用厂家图样要求的产品。膨胀螺栓直径 $\phi \geqslant 16$mm。

1）打膨胀螺栓孔，位置要准确且要垂直于墙面，深度要适当。一般以膨胀螺栓被固定后，护套外端面和墙壁表面相平为宜（见图1-22）。

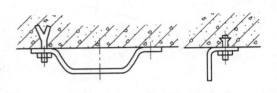

图1-21　膨胀螺栓固定式

2）若墙面垂直误差较大，可局部剔修，使之和导轨支架接触面间隙不大于1mm，然后用薄垫片垫实（见图1-23）。

3）导轨支架编号加工。

4）导轨支架就位，并找正找平，将膨胀螺栓紧固。

5）用混凝土筑导轨支架：井道壁是砖结构，一般采用剔导轨支架孔洞，用混凝土筑导轨支架的方法。

① 导轨支架孔洞应剔成内大外小，深度不小于130mm（见图1-24）。

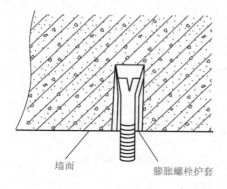

图 1-22　膨胀螺栓孔

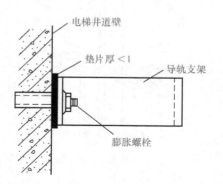

图 1-23　膨胀螺栓与墙壁之间的缝隙

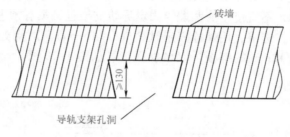

图 1-24　导轨支架孔洞

② 导轨支架编号加工，且入墙部分的端部要劈开燕尾（见图1-25）。

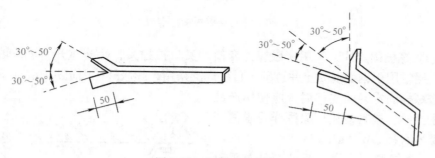

图 1-25　导轨支架尾部

③ 用水冲洗孔洞内壁，使尘渣被冲出，洞壁被润湿。

【工程施工】

安装导轨支架的工艺流程见表1-7。

表 1-7　导轨支架安装工艺流程

序号	步骤名称	图例	安装说明
1	查看井道	机房 样板架 井道	查看井道壁是否有影响安装工程的凹凸不平以及钢筋等突出物
2	确认井道放线	样板架 井道放线	确认轿厢导轨样板线和对重导轨样板线
3	确定安装位置	样板架 导轨支架位置 ≤2500 ≤2500 ≤2500 ≤2500	确定每个导轨支架的安装位置，相邻两个支架的间距不大于2500mm。最低支架距底坑地面不大于1000mm，最高支架距导轨顶端距离不大于500mm

经验寄语：当支架位置与导轨连接板位置正好碰在一起时，必须把两者位置相互错开30mm以上

（续）

序号	步骤名称	图例	安装说明
4	清理墙面	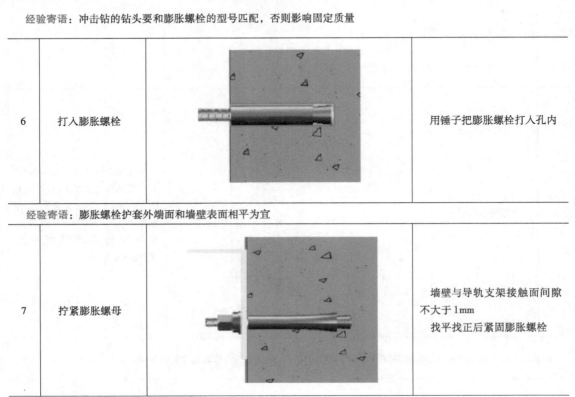	清理墙面凹凸与灰尘
5	钻孔	钻头应用 钻头直径(A)：M12 φ13mm，M16 φ16mm 孔深(B)：M12 (80±2)mm，M16 (90±2)mm	用合适质量和功率的冲击钻在井道内壁钻孔
	经验寄语：冲击钻的钻头要和膨胀螺栓的型号匹配，否则影响固定质量		
6	打入膨胀螺栓		用锤子把膨胀螺栓打入孔内
	经验寄语：膨胀螺栓护套外端面和墙壁表面相平为宜		
7	拧紧膨胀螺母		墙壁与导轨支架接触面间隙不大于1mm 找平找正后紧固膨胀螺栓

（续）

序号	步骤名称	图例	安装说明
8	安装角铁架	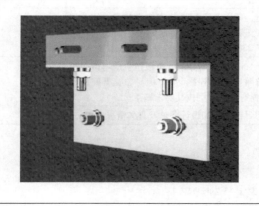	通过安装角铁架来调整平衡，确定导轨安装的正确位置
经验寄语：组合支架在安装调整好后，要把结合点全部焊住			
9	安装好一个支架	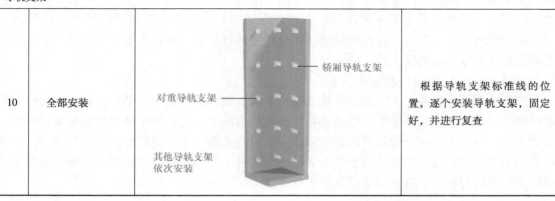	安装好一个导轨支架，其他导轨支架依此安装即可
经验寄语：先固定每列导轨的上下两个支架，把标准线捆扎在这个导轨支架上，然后逐个测量、制作和焊接其余的导轨支架			
10	全部安装	轿厢导轨支架 对重导轨支架 其他导轨支架依次安装	根据导轨支架标准线的位置，逐个安装导轨支架，固定好，并进行复查

【工程验收】

导轨支架安装完成后，即可按照表 1-8 的要求进行验收。

表 1-8　导轨支架验收表

序号	验收要点	图例
1	当图样上没有明确规定最下一排导轨支架和最上一排导轨支架的位置时，最下一排导轨支架安装在底坑装饰地面上方1000mm的相应位置，最上一排导轨支架安装在井道顶板下方不大于500mm的相应位置	
2	在确定导轨支架位置的同时，还要考虑导轨连接板（接导板）与导轨支架不能相碰，错开的净距离不小于30mm	（图例：井道壁、接导板、≥30、导轨架）
3	若图样没有明确规定，则以最下层导轨支架为基点，往上每隔2000mm放一排导轨支架，个别处（如遇到接导板）间距可适当放大，但不应大于2500mm	
4	长为4m以上（包含4m）的轿厢导轨，每根至少应有两个导轨支架。3～4m长的轿厢导轨可不受此限，但导轨支架间距不得大于2m。如厂方图样有要求，则按其要求施工	
5	安装导轨支架：根据每部电梯的设计要求及具体情况选用	

【情境解析】

情境一：导轨支架安装未达到横平竖直。

解析：原因可能有以下几点：导轨支架平面不水平；导轨支架立面不垂直；导轨产生非正常作用的扭曲内应力。导轨支架安装过程应横平竖直，尺寸到位。支架立面的不垂直将对紧固在其面上的导轨产生非正常作用，由此产生的扭曲力造成支架与导轨互相间产生内应力，影响轿厢的运行质量，且在导靴通过时易产生运行异响。导轨支架的安装要严格按照工艺要求把各尺寸及时调整到位。

情境二：基面不平产生扭曲。

解析：原因可能有以下几点：导轨支架所安装的墙面不垂直或不平整，使支架底模在预埋件螺栓紧固时产生扭曲变形；导轨支架所安装的墙面不垂直；底模预埋件螺栓紧固时产生扭曲变形。导轨支架安装位置的墙面必须按要求进行垂面与平整度处理后再重新安装，支架在凹凸不平墙面紧固后产生了变形量太大的必须更换。导轨支架在安装前应对所安装位置的墙面按要求进行检查，并在安装前及时进行处理。

【特种设备作业人员考核要求】

【对接国标】

【知识梳理】

任务四　导轨的安装与维保

【任务描述】

　　某电梯安装工地现场，梯井墙面施工完毕，其宽度、深度（进深）、垂直度均符合要求。底坑已按设计标高要求打好地面。导轨支架已安装完毕，且复核合格，根据工程进度，需要进行导轨安装。通过完成本任务，应掌握电梯导轨的安装要求、工艺流程、验收标准和维保要求。电梯导轨如图1-26所示。

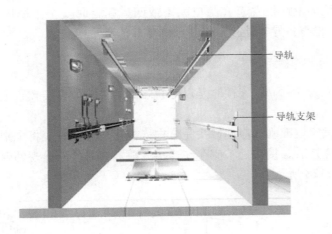

图1-26　电梯导轨

【知识铺垫】

　　导轨是安装在井道的导轨支架上，确定轿厢和对重相对位置，并引导其运动的部件。导轨的安装质量直接影响电梯的晃动、抖动等性能指标。

　　轿厢导轨：作为轿厢在竖直方向运动的导向，限制轿厢自由度。

　　对重导轨：作为对重在竖直方向运动的导向，限制对重自由度。

一、电梯导轨的种类

电梯导轨按其横截面的形状区分，常见的有5种，见表1-9。

表1-9 电梯导轨的种类

类形	T形	L形	槽形	管形	空心导轨
图例					

二、待装导轨的检验与校正

电梯导轨特别是轿厢导轨在安装前必须检查每根导轨的直线度，不应超出1/6000，整根导轨最大弯曲度不超过0.6mm/m，并在任意1000mm中弯曲度不应超过0.3mm。提吊导轨应使用绳索竖装，搬运时避免弹跳，严禁采用绳索固定在导轨中心或两端处水平提吊。导轨凸口朝上，由底坑向上逐根立起（凸口朝下或凹口朝上时安全钳楔块的作用力对接口缝隙不利）。安装前应检查各导轨连接口是否已修整并清洗干净。

三、导轨与导轨的连接

导轨的长度一般为3~5m，连接时是以导轨端部的榫头与榫槽契合定位，底部用接导板固定，如图1-27所示。

为使榫头与榫槽定位准确，应使榫头完全楔入榫槽，连接时应将个别起毛的榫头、榫槽用锉刀略加修整。连接后，接头处不应存在连接缝隙。在对接处出现的台阶接头需要进行修光。导轨端部如图1-28所示。

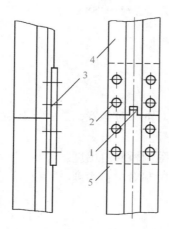

图1-27 导轨的连接
1—榫头 2—连接螺栓 3—接导板
4—上导轨 5—下导轨

图1-28 导轨端部

四、导轨的固定

导轨在导轨支架上的固定有压板固定和螺栓固定两种方法。

1. 压板固定法

也称移动式固定法，广泛用于电梯导轨的安装。导轨不能直接紧固在井道壁上，需要固定在导轨支架上，固定方法一般不采用焊接或直接用螺栓连接，而是采用压板固定法。用导轨压板将导轨压紧在导轨支架上，当由于井道壁下沉或导轨热胀冷缩等原因，使导轨受到的拉伸力超出压板的压紧力时，导轨就能做相对支架移动，从而避免导轨的弯曲变形。压板的压紧力可通过压板螺栓的拧紧程度进行调整。其中拧紧力大小的确定与电梯的规格、导轨上下端的支撑形式等有关。导轨压板如图 1-29 所示。

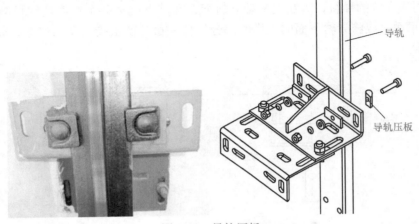

图 1-29　导轨压板

对重导轨连接板如图 1-30 所示，轿厢导轨连接板如图 1-31 所示。

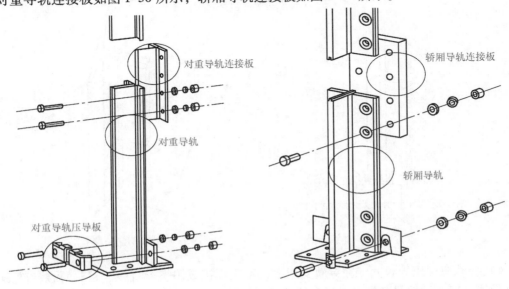

图 1-30　对重导轨连接板　　　　　　图 1-31　轿厢导轨连接板

2. 螺栓固定法

也称固定式紧固法。导轨固定在导轨支架上后不允许导轨对支架有相对移动。当井道壁下沉或导轨热胀冷缩时，会使导轨弯曲，因此此法只能使用在低行程的杂物梯或低速、载重量小的货梯的对重导轨固定上。

五、导轨安装要求

1）基准线与导轨的位置，采用脚手架施工方式，其位置关系如图 1-32a 所示；若采用自升法安装，其位置关系如图 1-32b 所示。

2）检查导轨的直线度不大于 1‰，单根导轨全长偏差不大于 0.7mm，不符合要求的应要求厂家更换或自行调直。

3）采用油润滑的导轨，应在立基础导轨前，在其下端加一个距底坑地坪高 40～60mm 的水泥墩或钢墩，或将导轨下面的工作面部分锯掉一截，留出接油盒的位置，如图 1-33 和图 1-34 所示。

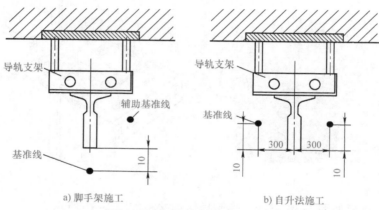

a) 脚手架施工　　　　　　b) 自升法施工

图 1-32　基准线与导轨的位置

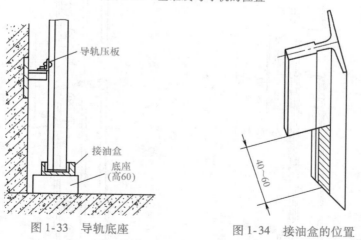

图 1-33　导轨底座　　　　　　图 1-34　接油盒的位置

4）导轨应用压导板固定在导轨支架上，不应焊接或用螺栓直接连接；每根导轨必须有两个导轨支架；导轨最高端与井道顶距离 50～100mm，如图 1-35 所示。

5）提升导轨用卷扬机安装在顶层层门口，井道顶部挂一滑轮，如图 1-36 所示。

6）吊装导轨时应用 U 形卡固定住接导板，吊钩应采用可旋转式，以消除导轨在提升过程中的转动，旋转式吊钩可采用推力轴承自行制作，如图 1-37 所示。

7）若采用人力吊装，尼龙绳直径应大于或等于 16mm。

8）导轨的凸榫头应朝上，便于清除榫头上的灰渣，确保接头处的缝隙符合规范要求，如图 1-38 所示。

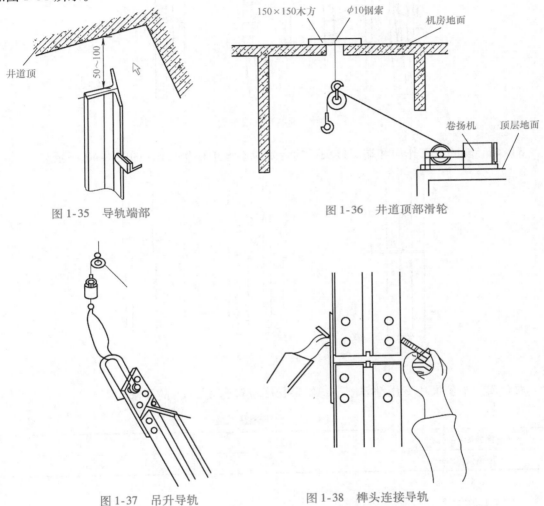

图 1-35　导轨端部　　　　　　　图 1-36　井道顶部滑轮

图 1-37　吊升导轨　　　　　　　图 1-38　榫头连接导轨

六、修正导轨接头处的工作面

1）导轨接头处，导轨工作面直线度测量：可用 500mm 钢直尺靠在导轨工作面，接头处对准钢直尺 250mm 处，用塞尺检查 a、b、c、d 处（见图 1-39），测量数据均应不大于表 1-10 的规定。

表 1-10　导轨直线度允许偏差

导轨连接处	a	b	c	d
允许偏差/mm	0.15	0.06	0.15	0.06

2）导轨接头处的全长不应有连续缝隙，局部缝隙不大于0.5mm，如图1-39所示。

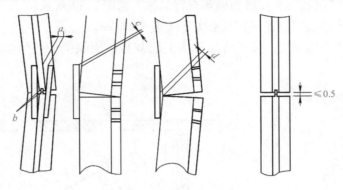

图1-39　导轨接头处

3）两导轨的侧工作面和端面接头处的台阶应不大于0.05mm，如图1-40所示。

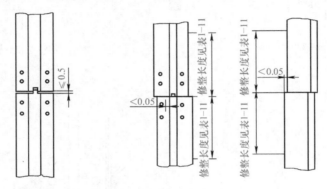

图1-40　接头处台阶

对台阶应沿斜面用专用刨刀刨平，修整长度应符合表1-11的要求。

表1-11　台阶修整长度

电梯速度/m·s^{-1}	2.5以上	2.5以下
修整长度/mm	≥300	≥200

【工程施工】

导轨安装工艺见表1-12。

表1-12　导轨安装工艺

序号	步骤名称	图例	安装说明
1	放基准线	导轨 基准线 2~3	从样板上放基准线至底坑（基准线距导轨顶面中心2~3mm），并进行固定

（续）

序号	步骤名称	图例	安装说明
2	底坑勘察	底坑 基准线	勘察底坑情况，排除有碍安装的杂物
3	架设槽钢基础座	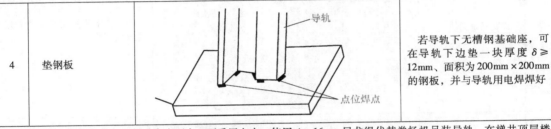导轨支架　基准线　角钢架　槽钢基础座	在底坑导轨的下方架设槽钢基础座，目的是防止导轨下沉

经验寄语：架设的导轨槽钢基础座，必须找平垫实，其水平误差不大于 1/1000。槽钢基础座位置确定后，用混凝土将其四周灌实抹平。槽钢基础座两端用来固定导轨的角钢架，先用导轨基准线找正后，再进行固定

| 4 | 垫钢板 | 导轨
点位焊点 | 若导轨下无槽钢基础座，可在导轨下边垫一块厚度 $\delta \geqslant 12\text{mm}$、面积为 $200\text{mm} \times 200\text{mm}$ 的钢板，并与导轨用电焊焊好 |

经验寄语：若导轨较轻且提升高度不大，可采用人力，使用 $\phi \geqslant 16\text{mm}$ 尼龙绳代替卷扬机吊装导轨，在梯井顶层楼板下挂一滑轮并固定牢固，在顶层厅门口安装并固定一台 0.5t 的卷扬机）

| 5 | 安装压导板 | 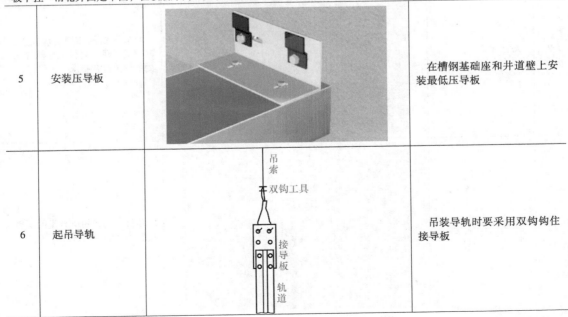 | 在槽钢基础座和井道壁上安装最低压导板 |
| 6 | 起吊导轨 | 吊索
双钩工具
接导板
轨道 | 吊装导轨时要采用双钩钩住接导板 |

（续）

序号	步骤名称	图例	安装说明
7	安装最下端导轨		在槽钢基础座上方安装井道最下端的导轨

经验寄语：若采用人力提升，必须由下而上逐根立起；若采用小型卷扬机提升，可将导轨提升到一定高度（能方便地连接导轨），连接另一根导轨。采用多根导轨整体吊装就位的方法，要注意吊装用具的承载能力，一般吊装总重量不超过3kN，整条轨道可分几次吊装就位

序号	步骤名称	图例	安装说明
8	安装其余导轨		自下而上逐根安装导轨并用压导板压住
9	对接导轨	导轨连接	每节导轨的凸榫头应朝上，并清理干净，以保证导轨接头处的缝隙符合要求
10	连接导轨	导轨连接 用接导板连接导轨	用接导板和相应数量的螺钉把两个相邻导轨接好

（续）

序号	步骤名称	图例	安装说明

经验寄语：轿厢导轨的两导轨接口对接面直线度同样也如前所述，用相应的刀口形直尺加以校直。用钢直尺检查导轨顶面与基准线的间距和中心距离，如不符合要求，应调整导轨前后距离和中心距离，再用找道尺进行细找

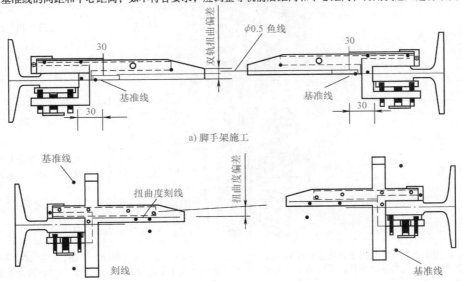

a) 脚手架施工

b) 自升法施工

| 11 | 导轨扭曲调整 | 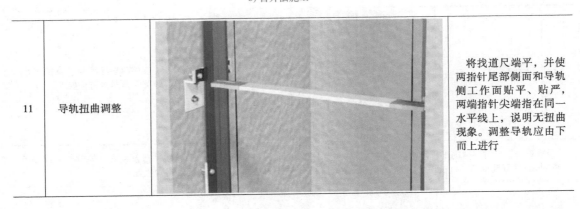 | 　将找道尺端平，并使两指针尾部侧面和导轨侧工作面贴平、贴严，两端指针尖端指在同一水平线上，说明无扭曲现象。调整导轨应由下而上进行 |

经验寄语：如贴不严或指针偏离相对水平线，说明有扭曲现象，则用专用垫片调整导轨支架与导轨之间的间隙（垫片不允许超过 3 片）使之符合要求。为了保证测量精度，用上述方法调整以后，将找道尺反向 180°，用同一方法再进行测量调整，直至符合要求

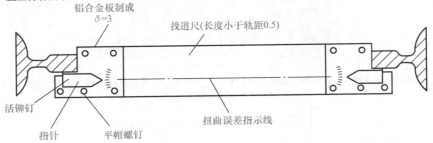

（续）

序号	步骤名称	图例	安装说明
12	扭曲度超标		找道尺显示两根导轨的扭曲度超标
13	加衬垫	衬垫厚度小于3mm,数量不超过3片	导轨支架处加衬垫调整,衬垫厚度小于3mm,数量不超过3片

经验寄语：绷紧找道尺之间用于测量扭曲度的连线并固定，校正导轨使该线与扭曲度刻线吻合。用2000mm长钢直尺贴紧导轨工作面，校验导轨间距，或用精校尺测量。调整导轨用衬垫不能超过3片，导轨支架和导轨背面的衬垫不宜超过3mm厚。衬垫厚为3～7mm时，要在衬垫间点焊，若超过7mm，应先用与导轨宽度相当的钢板垫入，再用衬垫调整

| 14 | 观察 | 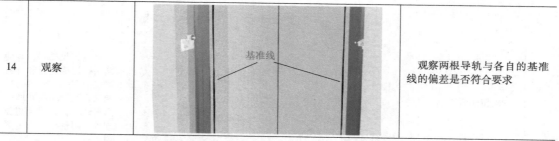 基准线 | 观察两根导轨与各自的基准线的偏差是否符合要求 |

经验寄语：一对导轨的平行度检查如前所述，可采用300mm刀口形直尺或激光导轨平行仪检查，偏差应＜2/1000（轿厢）。垂直校正与平行校正合二为一（一次性检测），校正导轨在各支架处的相对正确位置

| 15 | 导轨垂直度调整及中心线调整 | 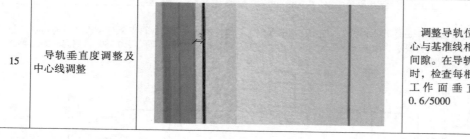 | 调整导轨位置，使其端面中心与基准线相对，并保持3mm间隙。在导轨安装的校正检查时，检查每根轿厢导轨正、侧工作面垂直度偏差应＜0.6/5000 |

经验寄语：调整导轨垂直度和中心位置；调整导轨位置，使其端面中心与基准线相对，并保持规定间隙

基准线

（续）

序号	步骤名称	图例	安装说明
16	测间隙		操作时，在找正点处将长度较导轨间距小 0.5～1mm 的找道尺端平，用塞尺测量找道尺与导轨顶面间隙，使其符合要求（找正点在导轨支架处及两支架中心处）

经验寄语：以上方法必须由下而上逐步、逐对进行校正，检查合格后再进行上一档的校正，遇到接道板时，应先校正接道板处两导轨的正面及侧面的直线度，校直后再进行下一步工作。校正导轨时的校验不应少于两次。导轨校验时应使其尺寸正向目测基本为 0 刻度。校正后一对轿厢导轨的中心面、侧面以及间距偏差在整个高度上不应超过 1mm，包括支架中间位置及接道板位置，导轨安装校正施工中的各个环节要一次到位

【工程验收】

导轨安装后的验收工作可根据表 1-13 进行。

表 1-13　导轨安装验收

序号	验收要点	图例或方法			
1	导轨安装牢固，相对内表面距离的偏差和两导轨的相互偏差必须符合要求	项目		偏差值/mm	检验方法
		两导轨相对内表面距离（全高）	甲 轿厢	1	在两导轨内表面，用导轨检查尺、塞尺每 2～3m 检查一点
			甲 对重	-0	
			乙、丙 轿厢	+2	
			乙、丙 对重	-0	
		两导轨的相互偏差（全高）		1	检查安装记录或用专用工具检查
2	导轨组装的允许偏差、尺寸要求和检验方法应符合规定	项目		允许偏差或尺寸要求/mm	检验方法
		导轨垂直度（每 5m）		0.7	吊线、尺量检查
		接头处 局部间隙		0.5	用塞尺检查
		接头处 台阶		0.05	用钢直尺、塞尺检查
		接头处 修光长度 甲		≥300	尺量检查
		接头处 修光长度 乙、丙		≥200	
		顶端导轨架距导轨顶端的距离		≤500	尺量检查

（续）

序号	验收要点	图例或方法
3	当对重（或轿厢）将缓冲器完全压缩时，轿厢（或对重）导轨长度必须有不小于 $0.1+0.035v^2$（以 m 表示，其中 v 为电梯额定速度）的进一步制导行程	检验方法：尺量检查
4	导轨支架应安装牢固，位置正确，横竖端正；焊接时，双面焊牢，焊缝饱满，焊波均匀	检验方法：观察检查
5	导轨间距偏差在导轨整个高度上应符合下表要求 （见下表）	用塞尺和找道尺测量

表（序号5内）

电梯速度	2m/s 以上		2m/s 以下	
轨道用途	轿厢	对重	轿厢	对重
轨道偏差	0 ~ +0.8	0 ~ +1.5	0 ~ +0.8	0 ~ +1.5
扭曲度偏差	1	1.5	1	1.5

【维护保养】

导轨的维护保养可根据表 1-14 中工艺进行。

表 1-14　导轨的维护保养工艺

序号	维保要点	图例
1	检查导轨表面应清洁、无杂质，必要时用清洗油进行清洗	
2	检查导轨支架上应清洁，无杂物	导轨支架上应清洁，无杂物

（续）

序号	维保要点	图例
3	检查导轨支架、压板的紧固件不应有松动现象，如有异常应及时处理	
4	限速器、安全钳联动试验后，应将导轨上安全钳动作痕迹打磨平整	

【情境解析】

情境一：导轨内部存在弯曲内应力。

解析：处在支架之间的导轨存在弯曲、不垂直、不平行等现象，将造成运行质量差并伴有运行异声。电梯导轨被吊入井道后，最初是固定在导轨支架上，导轨最初固定的支架位置与调整后的实际位置存在偏差，导致最初固定的整列导轨从井道底部至顶部呈若干段折线，而整列导轨校正后是一根垂直线。因为折线长度大于直线，使导轨在校正时无法向上伸张而造成非支架固定部位的导轨弯曲或扭曲，同时产生相应的反作用内应力。此时，因强行将导轨紧固在支架上而造成了其他部位的弯曲或扭曲。在支架中间部位或导轨的接导板处就易产生弹性或塑性弯曲、扭曲变形。

情境二：轿厢两导轨相互平行度差。

解析：轿厢运行扭动感明显。一对轿厢导轨在导轨支架处的两轨平行度相对位置超差，导轨底平面中心偏离两导轨中线位置；轿厢在通过时导靴受两侧面基准导向工作面的变化产生左右晃动和扭动。

【特种设备作业人员考核要求】

【对接国标】

【知识梳理】

项目二

机房设备的安装与维保

设备、材料要求

1）曳引机及其承重梁、限速器、控制柜、电源箱、线槽、电缆等设备的规格、型号、数量符合图样要求，质量合格，完好无损。

2）限速器有型式试验报告的结论副本。

3）曳引机底座的钢板厚度不应小于20mm。限速器底座的钢板厚度不应小于12mm。钢板表面要求平整、光滑。

4）焊接用的焊条要有出厂合格证，且采用普通低碳钢焊条。

5）螺栓、膨胀螺栓、防锈漆、水泥等规格、标号要符合设计要求。

机具

盒尺、电气焊工具、电焊机、扳手、锤子、撬杠、钢锯、电锤、螺钉旋具、挡圈钳、塞尺、钢丝刷、漆刷、油壶、油枪、倒链、钢丝绳扣、水平尺、线坠、钢直尺等。

作业条件

1）机房门应是向外开的且防火，机房门钥匙要由专人保管。

2）机房应是按有关标准设计建造的，地面和墙壁有相应的预留孔洞。

3）机房窗应能锁闭，而且密封、防雨防尘。

4）机房应考虑适当通风，并应优先设计安装空调设备，室内温度应在5~40℃。

5）机房地面应平整，机房内不允许安装与电梯无关的设备、管道等。

6）机房应设置永久性电气照明装置及检修、清洁用插座。

7）照明开关应设在进门便于使用的位置，照度≥200lx。

8）对应电梯井道的机房顶部应按有关标准设置称重吊钩，并标注最大吊重。

9）当机房地面高度不一致且相差大于0.5m时，应设置楼梯或台阶，并设置护栏。

任务一　　曳引机承重梁的安装

【任务描述】

某电梯工地，机房墙面已粉刷完毕，地面装修完毕，机房有相应的预留孔洞且已完工，根据工程进度，需要安装曳引机承重梁，通过完成此任务，可以掌握曳引机承重梁的基本结构、安装要求、工艺流程及注意事项等。曳引机承重梁如图 2-1 所示。

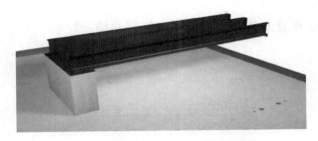

图 2-1　曳引机承重梁

【知识铺垫】

曳引机承重梁是整台设备承受重力最大的部分，包括曳引机、轿厢、对重、曳引绳、随行电缆、补偿装置等的全部重量，一般由槽钢或工字钢构成。

一、曳引机承重梁的类型及其安装方法

安装承重梁时，应根据电梯的运行速度、曳引方式、井道顶层高度、隔音层、机房高度、机房内各部件的平面布置，确定不同的安装方法。

1）当有隔音层或顶层高度足够时，可把承重梁安装在机房楼板下面，这样，机房比较整齐，但导向轮的安装及其维修保养比较不方便。

2）若顶层高度不够高时，可把承重梁安装在机房楼板上面，并在机房楼板上面安装导向轮的地方留出一个十字形安装预留孔。承重梁与楼板的间隙不小于50mm，以防止电梯启动时承重梁弯曲变形振动楼板。这种方式安装比较方便，运用广泛。

3）当机房高度足够高时，若机房内出现机件的位置与承重梁发生冲突，可用两个高出机房楼面600mm的混凝土墩，把承重梁架起来，或者一端埋入墙内，一端固定在混凝土墩上。这种方式常在承重梁两端上下各焊两块厚12mm、宽约200mm的钢板，在梁上钻出安装导向轮的螺栓固定孔，在混凝土墩与承重梁钢板接触处垫放厚25mm的减振胶垫，通过地脚螺栓把承重梁紧固在混凝土墩上。

二、曳引机承重梁的安装要求

1）承重梁的规格、安装位置和相互之间的距离，必须依照电梯的安装平面图进行。

2）承重梁埋入墙的深度必须超过墙厚的中心线20mm，且不小于75mm。

3）对于砖墙，梁下应垫以能承受其重量的钢筋混凝土过梁或金属过梁，架设承重梁的混凝土墩必须在承重的井道壁正上方。

4）每根承重梁上面的不水平度应不大于0.5/1000。

5）相邻两根承重梁的高度公差应不大于0.5mm，相互间的平行偏差不大于6mm。

6）承重梁埋入承重墙属于隐蔽工程，封堵前，应按GB 50310—2002《电梯工程施工质量验收规范》的要求，对承重梁安装的质量进行检测、验收。

三、曳引机减振胶垫的布置安装

1）按厂家的要求布置安装减振胶垫，减振胶垫需严格按规定找平垫实。示意图如图2-2所示。

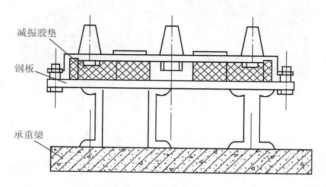

图2-2　安装减振胶垫

2）曳引机底座与承重梁采用长螺栓安装，如图2-3所示。

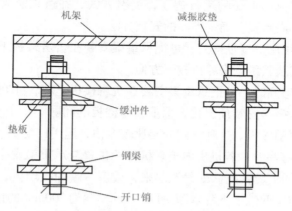

图2-3　曳引机底座与承重梁采用长螺栓连接

3）曳引机底座与承重梁采用专用减振胶垫，安装示意图如图2-4所示。

4）曳引机底座与承重梁用螺栓直接固定，在承重梁两端下面加减振胶垫，示意图如图2-5所示。

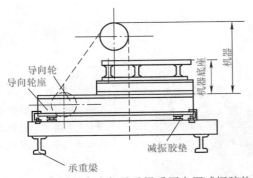

图2-4 曳引机底座与承重梁采用专用减振胶垫

图2-5 曳引机底座与承重梁用螺栓直接固定

【工程施工】

曳引机承重梁安装过程见表2-1。

表2-1 曳引机承重梁安装过程

序号	安装步骤	图例	安装说明
1	确认安装要求	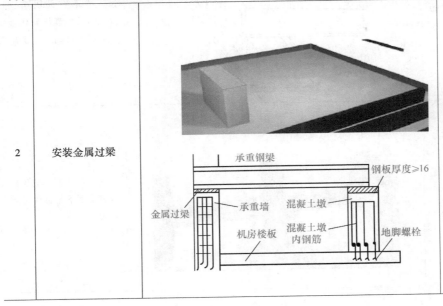	承重梁埋入墙的深度必须超过墙厚的中心线20mm，且不小于75mm 根据样板架和曳引机安装图在机房画出承重钢梁位置。曳引机承重梁安装前要除锈并刷防锈漆，交工前再刷成与机器颜色一致的装饰漆
	经验寄语：在曳引机承重钢梁与承重墙（或梁）之间，垫一块面积大于钢梁接触面、厚度不小于16mm的钢板，并找平垫实，如果机房楼板是承重楼板，承重钢梁或配套曳引机可直接安装在混凝土墩上		
2	安装金属过梁		在墙壁预留孔内的下侧安装一个金属过梁，混凝土墩内必须按设计要求加钢筋，内钢筋通过地脚螺栓和楼板相连，且混凝土墩上设有厚度不小于16mm的钢板

（续）

序号	安装步骤	图例	安装说明
3	安装承重梁	 调整曳引机承重梁	把 3 根承重梁型钢分别放置在混凝土墩和墙内预留孔中，调整好 3 根型钢的位置
4	采用型钢架起钢梁的方法	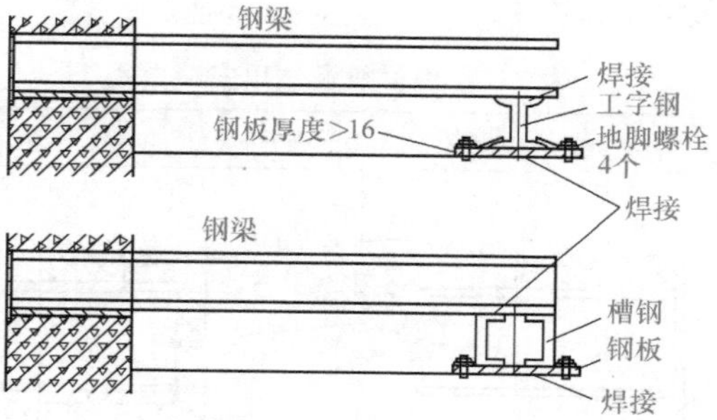 钢梁　焊接　工字钢　钢板厚度>16　地脚螺栓 4 个　焊接　钢梁　槽钢　钢板　焊接	
5	采用现场制作金属钢架架设钢梁的方法	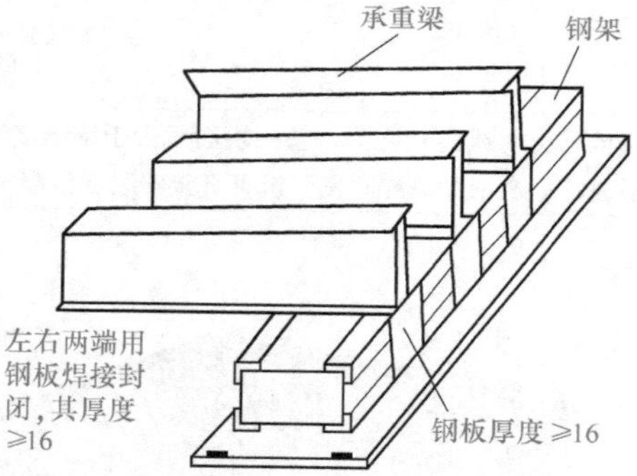 承重梁　钢架　左右两端用钢板焊接封闭，其厚度≥16　钢板厚度≥16	如型钢垫起高度不合适，或不宜采用型钢时，可采用现场制作金属钢架架设钢梁的方法
6	焊接		在预留孔侧，把 3 根承重梁型钢与金属过梁焊接

（续）

序号	安装步骤	图例	安装说明
7	焊接另一端	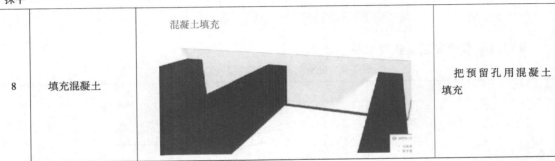 焊接曳引机承重梁	把3根承重梁型钢与混凝土墩上的钢板焊接

经验寄语：承重梁直接安装在机房楼板上时，首先根据反馈到机房地坪上的基准线，确定轿厢与对重的中心连线，然后按照安装图所给出的尺寸确定钢梁安装位置，导向轮伸到井道时应复核顶层高度是否符合验收规范的要求。曳引机承重钢梁安装找平找正后，用电焊将承重梁和垫铁焊牢。承重梁在墙内的一端及在地面上坦露的一端用混凝土灌实抹平

序号	安装步骤	图例	安装说明
8	填充混凝土	混凝土填充	把预留孔用混凝土填充

经验寄语：凡是浇灌混凝土内属于隐蔽工程的部件，在浇灌混凝土之前要经质检人员与业主签字确认后，才能进行下一道工序

序号	安装步骤	图例	安装说明
9	焊角钢		在混凝土这一端，用合适角钢把3根承重梁型钢焊接
10	焊接后		焊接后的端部角钢和承重梁

(续)

序号	安装步骤	图例	安装说明
	经验寄语：在安装过程中，应始终使承重钢梁上下翼缘和腹板同时受垂直方向的弯曲载荷，而不允许其侧向受水平方向的弯曲载荷，以免产生变形		
11	钢梁上开孔		设备与钢梁连接使用螺栓时，必须按钢梁规格在钢梁翼下配以合适的偏斜垫圈。钢梁上开孔必须圆整，稍大于螺栓外径，为保证孔形与螺栓相配，不允许使用气割圆孔或长孔，应用磁力电钻钻孔

【工程验收】

曳引机承重梁安装验收要求见表2-2。

表2-2 曳引机承重梁安装验收要求

序号	验收要求	图例
1	曳引机承重梁安装后，其横向水平误差不大于0.5mm	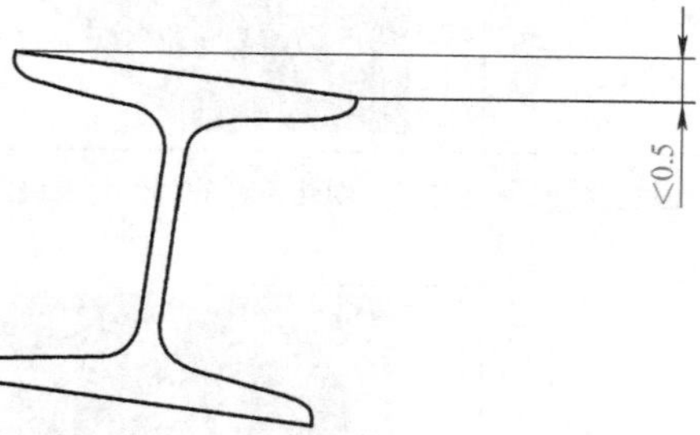 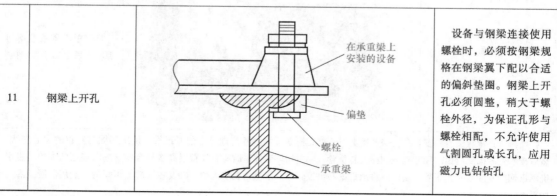
2	承重梁不水平度不超过1/1000	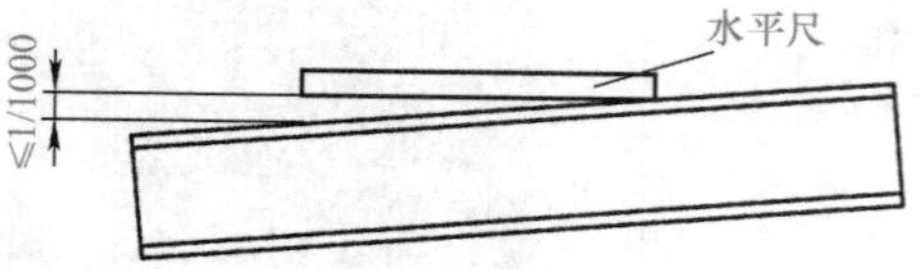
3	每根承重梁距离中心线误差不大于3mm	

（续）

序号	验收要求	图例
4	每根承重梁之间的相互水平高度误差不大于1mm	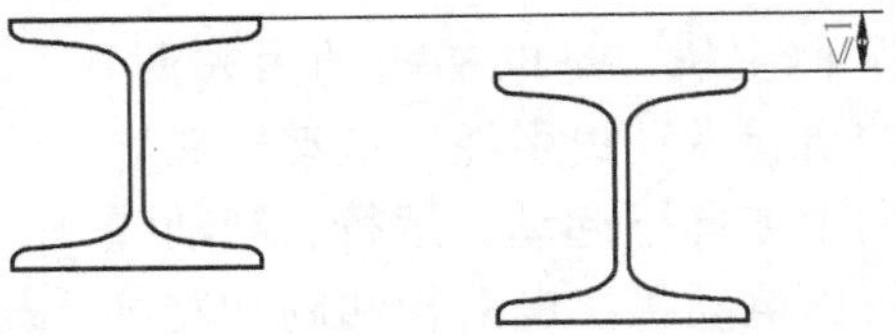
5	承重梁埋入墙的深度必须超过墙厚的中心线20mm，且不小于75mm	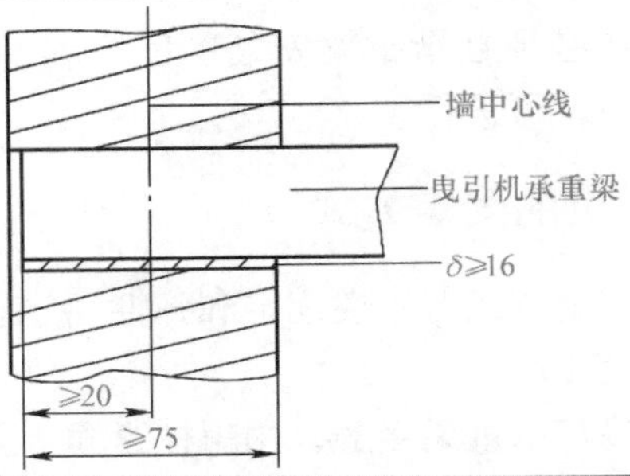 墙中心线 曳引机承重梁 δ≥16 ≥20 ≥75

【情境解析】

情境：承重梁发生弯曲。

解析：承重梁在制造、运输、搬运、安装过程中可能出现受力不均、挤压损坏等情况，造成承重梁的某些部位发生弯曲、变形、凹凸不平等，这些情况均能影响到承重梁的安装质量，直至影响曳引机的安装质量。所以在有关承重梁的所有操作中，均要遵守一定的规范保护承重梁。

【特种设备作业人员考核要求】

【对接国标】

【知识梳理】

任务二 曳引机的安装与维保

【任务描述】

某电梯机房正在施工，曳引机承重梁已安装到位，且检测合格，根据工程进度，需要进行曳引机安装，曳引机如图2-6所示。通过完成此任务，掌握曳引机的起吊、安装方法、注意事项、验收要求等。

【知识铺垫】

曳引机又称主机，是电梯的动力来源。依靠曳引机的运转带动曳引绳，拖动轿厢和对重沿导轨向上或向下起动、运行、制动和停止。曳引机由电动机、曳引轮和制动器等组成。

曳引机安装必须在承重梁安装、固定和检查符合要求后才可进行。

图2-6　有齿轮曳引机

一、曳引机的固定方式

曳引机的固定方式有刚性固定和弹性固定。

1. 刚性固定

曳引机直接与承重梁接触，用螺栓紧固。此法简单，但曳引机工作时，其振动和噪声较大，所以一般用于低速电梯，如货梯。

2. 弹性固定

常见的形式：

1）曳引机先安装在机架上，机架一般用槽钢焊成，在机架与承重梁或楼板之间设减振胶垫。

2）在承重梁与曳引机底盘之间垫以机组基础，机组基础由上、下两块基础板组成。基础板是与曳引机底盘尺寸相等、厚度为16mm的钢板。两块基础板中间设减振胶垫。下基础板与承重梁焊牢，上基础板与曳引机底盘用螺栓连接。

弹性固定形式能有效地减少曳引机的振动及其传播，同时由于弹性支撑，曳引机工作时能自动调整中心位置，减少构件的弹性变形，有利于工作的平稳性。

二、曳引机的安装要求

曳引机底座与基础间的间隙调整应以衬垫调整为妥。经调整校正后，应符合以下要求：

1）不设减振装置的曳引机底座水平度不大于1/1000。

2）曳引轮在前后（向着对重）和左右（曳引轮宽度）方向的偏差应不超过表2-3的规定。

表2-3　曳引轮前后、左右方向的偏差

类别	高速电梯	快速电梯	低速电梯
前后方向/mm	±2	±3	±4
左右方向/mm	±1	±2	±2

3）曳引轮的轴向水平度：从曳引轮上边轮缘下放一根铅垂线，与下边轮缘的最大间隙应不大于0.5mm，如图2-7a所示。曳引轮前后、左右方向偏差如图2-8所示。

4）曳引轮在水平面内的扭转（扭差）：A和B的差值小于0.5mm，如图2-7b所示。

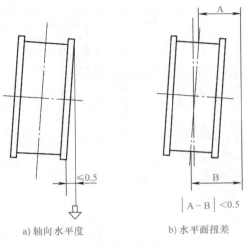

a) 轴向水平度

b) 水平面扭差

图2-7　曳引轮调整示意图

图2-8　曳引轮前后、左右方向偏差

对重中心(铅垂线)

左右偏差值

轿厢中心(铅垂线)

前后偏差值

5）由于某种原因，在安装电梯过程中，需对曳引机进行拆运时，经拆运重装配后，蜗杆轴与蜗轮轴的轴向游隙应符合表2-4的规定。蜗杆与电动机轴的不同轴度公差：对于刚性连接应小于 0.02mm，弹性连接应小于 0.1mm；制动轮的径向跳动应不超过其直径的 1/3000。上述要求可以通过调整电动机与底座之间的衬垫来实现。

表2-4　蜗杆轴与蜗轮轴的轴向游隙　　　　　　　　　　　（单位：mm）

中心距	100～200	200～300	>300
蜗杆轴向游隙	0.07～0.12	0.10～0.15	0.12～0.17
蜗轮轴向游隙	0.02～0.04	0.02～0.04	0.0～30.05

三、曳引机安装位置确定

1. 单绕式曳引机和导向轮的安装位置确定

把放样板上的基准线通过预留孔洞反馈到机房地坪上，根据对重导轨、轿厢导轨及井道中心线，参照产品安装图册，在地坪上画出曳引轮、导向轮的垂直投影，分别在曳引轮、导向轮两个侧面吊两根垂线 P、S，以确定导向轮、曳引轮位置，如图2-9、图2-10所示。

2. 复绕式曳引机和导向轮安装位置确定

（1）首先要确定曳引轮和导向轮的拉力作用中心点需根据引向轿厢或对重的绳槽而定。

（2）安装位置的确定

1）若导向轮及曳引机已由制造厂家组装在同一底座上，确定安装位置极为方便。在电梯出厂时，轿厢与对重中心距已完全确定，只要移动底座使曳引轮作用中心点吊下的垂线对准轿厢（或轿轮）中心点，使导向轮作用中心点吊下的垂线对准对重（或对重

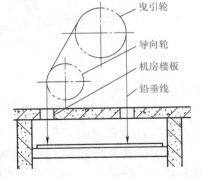

曳引轮

导向轮

机房楼板

铅垂线

图2-9　曳引机校正（一）

轮）中心点，这项即已完成，然后将底座固定。

2）若曳引机与导向轮需在工地成套安装，曳引机与导向轮的安装定位需要同时确定。

（3）曳引机吊装

在吊装曳引机时，吊装钢丝绳应定在曳引机底座吊装孔上或产品图册中规定的位置，不要绕在电动机轴上或吊环上，如图 2-11、图 2-12 所示。

曳引机座采用防振胶垫时，在其未挂曳引绳时，曳引轮外端面应向内倾向，如图 2-13 所示，倾斜值 E 视曳引机轮直径及载重量而定，一般为 +1mm，待曳引轮挂绳承重后，再检测曳引机水平度和曳引轮垂直度，应满足标准要求。

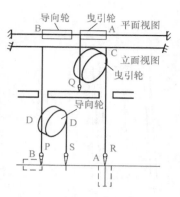

图 2-10　曳引机校正（二）

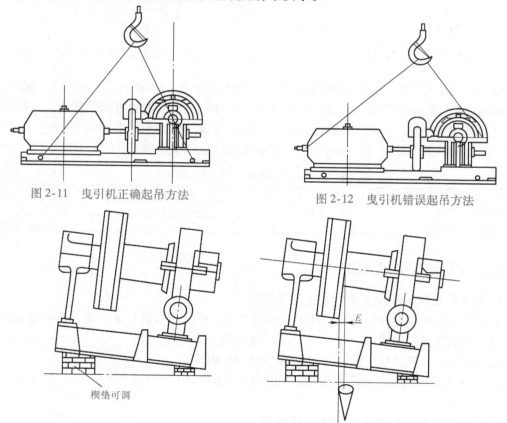

图 2-11　曳引机正确起吊方法　　　　图 2-12　曳引机错误起吊方法

图 2-13　调整曳引机水平度和垂直度

（4）防位移措施

曳引机安装调整后，在机座轴向安装防止位移的挡板和压板，中间用防振胶垫挤实或安装其他防位移措施，如图 2-14 所示。

（5）曳引机工作面与机房地坪不在同一水平面上时的吊装

如图 2-15 所示，首先应用槽钢搭设门形提升架，在与曳引机工作面等高位置搭设作业平台。然后将曳引机用手拉葫芦提升到平台位置，再用手拉葫芦水平拉至工作面上，水平用力时，垂直提升的手拉葫芦应缓慢放松，不得突然放开，以免发生意外。

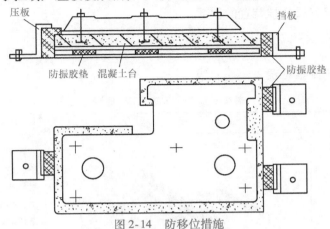

图 2-14　防移位措施

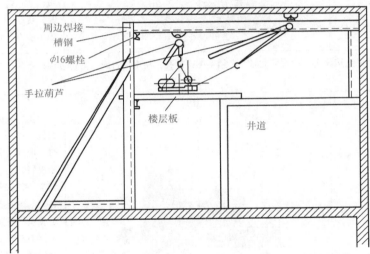

图 2-15　曳引机工作面与机房地坪不在同一水平面上时的吊装

（6）曳引机制动器的调整

1）销轴螺栓：挡圈齐全，闸瓦、制动轮工作面清洁。

2）闸瓦动作灵活可靠，闸瓦能紧密贴合在制动轮工作面上。

3）制动器松闸时，闸瓦需同步离开，其两侧闸瓦四周间隙平均值不大于 0.7mm。

4）线圈铁心在吸合时不产生撞击，其间隙调整符合产品说明书要求。

（7）对制动器进行调整。

四、无机房电梯曳引机的安装

1）安装前检查曳引机的运输有无损坏情况，特别是电缆线。

2）根据厂家提供的安装图册施工，曳引机用支架固定在悬挂的底座位置上，曳引轮被钢丝绳包绕的一侧，必须和制动器安装的位置同侧，电动机根据牵引的方向安装。

3）安装时不能使用强力工具（如杠杆、弯管），特别是不要让电动机转子受到剧烈的机械碰撞。

4）曳引机机架的固定方法有两种：一种是用4个M24螺栓固定在墙面上；另一种是机架可以固定在突出装置或悬挂装置的顶部。

【工程施工】

曳引机安装工艺流程见表2-5。

表2-5 曳引机安装工艺流程

序号	步骤名称	图例	步骤说明
1	加缓冲垫		在承重梁上安装曳引机缓冲垫。进入机房作业时，应将机房与井道的预留孔有效覆盖保护，防止杂物掉入井道。吊装就位前应确认机房吊钩的允许负荷大于等于设计要求。吊装时，曳引机上下均不应站人，也不应有杂物
	经验寄语：当曳引机直接固定在承重梁上时，必须实测螺栓孔，用电钻打眼，其位置误差不大于1mm，并不得损伤工字钢立筋		
2	起吊曳引机	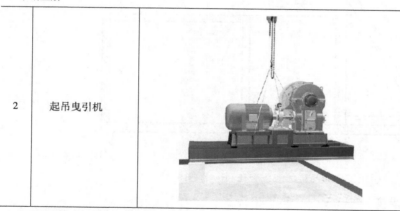	用机房顶的手拉葫芦起吊曳引机。曳引机吊离地面30mm时，应停止起吊，观察吊钩、起重装置、索具、曳引机有无异常，确认安全后方可继续吊装。起重装置的额定载荷应大于曳引机自重的1.5倍 索具应采用直径≥12mm的钢丝绳，钢丝绳、绳套、绳卡符合标准要求
	经验寄语：曳引机应由专业吊装人员吊装进入电梯机房，吊装人员应持有特种作业人员（起重）证书。不得在将曳引机吊停在半空时吊装人员离开吊装岗位		
3	调整曳引机	 安装曳引机时，需确保对重装置中线与曳引机曳引轮外缘相切，且对重装置中线在曳引轮中间位置	安装曳引机时需确保对重装置中线与曳引机曳引轮外缘相切。固定前要多方位仔细观察，吊装前应确认起重吊钩防脱钩装置有效。索具必须吊挂在曳引机的吊环上，不应随意吊挂

（续）

序号	步骤名称	图例	步骤说明
	经验寄语：当曳引机为弹性固定时，为防止电梯在运行时曳引轮产生位移，在曳引机和机架或上基础板的两端用压板、挡板、防振胶垫等定位		
4	固定曳引机		用合格尺寸的螺栓和螺母把曳引机底座固定在承重梁上，并确保曳引机固定在底座上牢固可靠
5	确定轿厢中线		安装导向轮时，需确保轿厢中线与导向轮外缘相切，且轿厢中线在导向轮中间位置
	经验寄语：同时需要核对机房地面预留孔洞位置和尺寸是否符合要求		
6	固定导向轮		检查导向轮转动部位油路畅通情况，并清洗后加油。把导向轮装入承重梁的空隙内，调整导向轮的位置，一侧用螺栓固定好。导向轮通过轴和支架安装在曳引机底座或承重梁上。导向轮是使曳引绳从曳引绳轮引向对重一侧或轿厢一侧所应用的绳轮
7	固定导向轮另一侧		安装放线。先在机房楼板或承重梁上放下一根铅垂线，使其对准井道顶样板架上的对重中心点。然后在该垂线的两侧，根据导向轮的宽度另放两根垂线，以校正导向轮的偏摆

（续）

序号	步骤名称	图例	步骤说明
8	检查		校正移动导向轮，使导向轮绳中心与对重中心垂线重合，并在轴支架与曳引机底座或承重梁的固定处用衬垫来调整导向轮的垂直度，同时调整与曳引轮的平行度 紧固导向轮。导向轮位置并调整确定后，用双螺母或弹簧垫圈将螺栓紧固

【工程验收】

曳引机安装验收要求见表2-6。

表2-6　曳引机安装验收要求

序号	验收要求	图例或检验方法
1	确保对重装置中线与曳引机曳引轮外缘相切，且对重装置中线在曳引轮中间位置	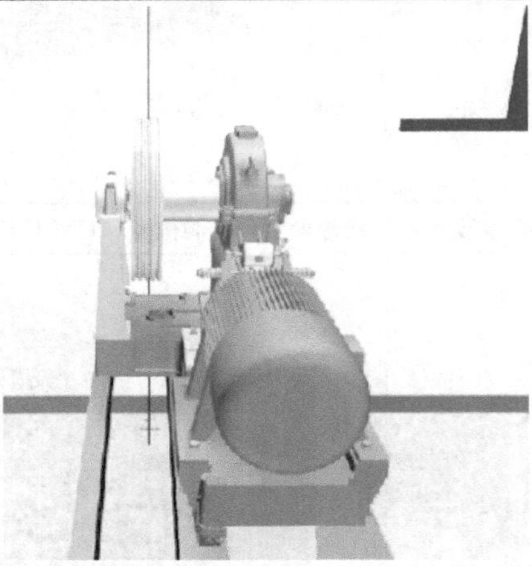
2	安装导向轮时，需确保轿厢中线与导向轮外缘相切，且轿厢中线在导向轮中间位置	

（续）

序号	验收要求	图例或检验方法
3	自上而下观察时，需确保轿厢中线与导向轮外缘相切，且轿厢中线在导向轮中间位置	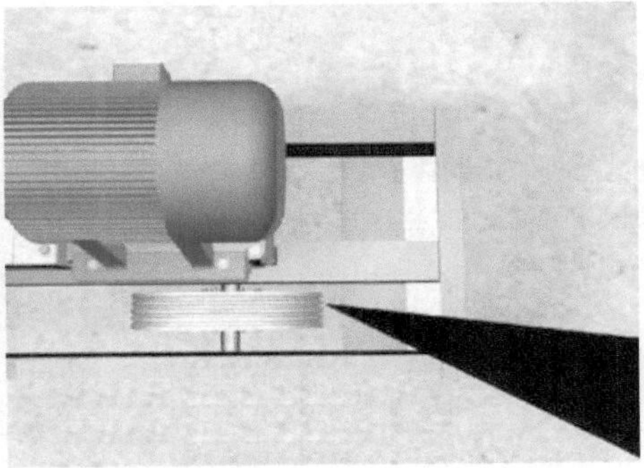
4	钢丝绳平层标记、转动轮标记、飞轮标记等应符合验收要求	

【维护保养】

曳引机维护保养要点见表2-7。

表2-7　曳引机维护保养要点

序号	维保要点	图例
1	曳引机表面无积尘、无油污，无油漆脱落	
2	手摸、耳听，曳引机运转无异常发热、声响，如润滑不足，应用油枪给轴承注入适量润滑脂	

（续）

序号	维保要点	图例
3	检查电动机的接线端子，确保线头固定可靠、接触良好，无氧化腐蚀现象	
4	检查曳引轮和导向轮的绳槽，要求无严重油污，无异常磨损	
5	曳引轮、导向轮应运转灵活，无异常声响，必要时应给轴承加注润滑脂	
6	断电情况下，钢丝绳与曳引轮绳槽配合良好 绳槽如磨损严重，应及时向主管和客户汇报，确认更换或监护使用	

（续）

序号	维保要点	图例
7	断电情况下，确保曳引轮在各负载状态下，垂直度偏差不大于2mm	

【情境解析】

情境：有齿轮曳引机产生较大振动和噪声。

解析：可能原因：①曳引机制造厂组装和调试时没有加一定的负载，所以当电梯安装在工地上以后一加负载就产生了振动和噪声。②装配不符合要求，减速箱及其曳引轮轴座与曳引机底座间的紧固螺栓拧紧不均，引起箱体扭力变形，造成蜗轮副啮合不好。③蜗杆轴端的推力轴承存在缺陷。④蜗杆的螺旋角及蜗杆偏心和蜗轮偏心、节径误差、动平衡不良及间隙不符合要求，都会产生振动和噪声。

预防措施：①曳引机在制造厂组装和调试时，应适当地加些负载，发现质量问题及时解决。②保证蜗轮蜗杆的制造精度，通过加工，特别是组装时对轮齿进行修齿加工和对蜗杆进行研磨加工，可以达到减少振动和噪声的目的。在有条件的制造厂，应推广蜗轮蜗杆配对研磨加工，配对出厂。③在曳引机和机座承重梁之间或混凝土墩之间放置防振胶垫。④在厂内进行严格的动平衡测试，不符合要求的要及时改正。

【特种设备作业人员考核要求】

【对接国标】

【知识梳理】

任务三　限速装置的安装与维保

【任务描述】

根据机房布置图，安装限速器、张紧装置、限速器钢丝绳。通过完成本任务，学习如何确定限速器及张紧装置的安装位置，限速器、张紧装置的安装方法，限速器钢丝绳的缠绕方法以及限速装置的安装要求。限速装置安装示意图如图2-16所示。

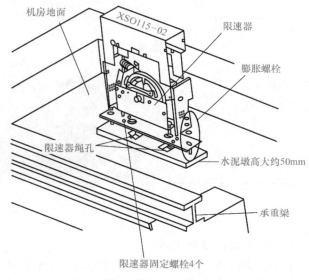

图 2-16　限速装置安装示意图

【知识铺垫】

　　限速装置由限速器、张紧装置和钢丝绳组成，主要用来限制电梯轿厢运行的速度。当电梯运行速度由于某种原因出现超速时，限速器第一限速动作，超速开关首先动作，切断电源，制动器制动，使轿厢停止运行，停在某一位置上；如果轿厢速度仍然增大，如钢丝绳断开，制动器失灵，加速到限速器第二限速动作，夹持限速器钢丝绳，并通过钢丝绳带动安全钳动作，将轿厢夹持在导轨上，使轿厢停止。

一、限速器

　　限速器如图2-17所示，是当电梯的运行速度超过额定速度一定值时，其动作能切断安全回路或进一步导致安全钳或上行超速保护装置起作用，使电梯减速直到停止的自动安全装置。

　　限速器一般安装在机房中，可以接近且便于检查和维修。无机房电梯中，限速器安装在井道内，则应能从井道外面接近它，若不能接近则必须设置能够从井道外用远程控制（除无线方式外）的方式来实现限速器的动作。限速器安装位置如图2-18所示，限速器结构分解如图2-19所示。

图 2-17　限速器

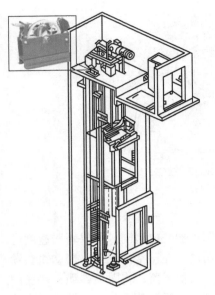

图 2-18　限速器安装位置

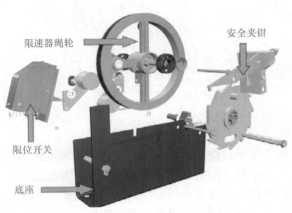

图 2-19　限速器结构分解

二、限速器分类

限速器分为摆锤式和离心式。限速器正、反面如图 2-20 所示。

摆锤式限速器又分为下摆锤式限速器和上摆锤式限速器。离心式限速器又分为离心甩块式限速器、离心式有压绳限速器和离心抛球式限速器。

图 2-20　限速器正、反面

1. 下摆锤式限速器

当轿厢下行时,限速器绳带动限速器绳轮旋转,凸轮与绳轮及棘轮一体旋转,利用绳轮上的凸轮在旋转过程中与摆锤一端的滚轮接触,摆锤摆动的频率与绳轮的转速有关,当摆锤的振动频率超过某一预定值时 (当速度超过额定速度 1.15 倍以后),摆杆惯性加大,摆动角度增大,使摆锤的棘爪进入绳轮的制停爪内,从而使限速器停止运转。上摆锤式限速器的动作原理与下摆锤式相同,仅增加了超速开关。超速开关是在制停动作之前动作的,先切断控制电路,随即机械动作。摆锤式限速器一般用于速度较低的电梯,如图 2-21 所示。

2. 离心甩块式限速器

限速器绳轮在垂直平面内转动,如果轿厢速度超过额定速度预定值,甩块因离心力的作用

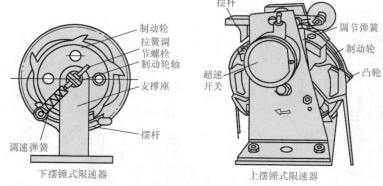

图 2-21　摆锤式限速器

向外甩开，使超速开关动作，从而切断电梯的控制电路，使制动器失电抱闸。如果轿厢速度进一步增高，甩块也进一步向外甩开，并撞击锁栓，松开摆动钳块。在正常情况下，摆动钳块锁栓栓住，与限速器绳间保持一定的间隙。当摆动钳块松开后，钳块下落，将限速器绳夹持在固定钳块上，固定钳块由压紧弹簧压紧，压紧弹簧可利用调节螺栓进行调节。此时，绳钳夹紧限速器绳，从而使安全钳装置动作。当钳块夹紧限速器绳使安全钳装置动作时，限速器绳不应有明显的损坏或变形。离心甩块式限速器实物如图 2-22 所示，示意图如图 2-23 所示。

图 2-22　离心甩块式限速器实物

3. 离心式有压绳限速器

超速时，首先由甩块上的一个螺栓打动安全开关。当继续超速时，甩块进一步甩开触动棘爪，卡在制动轮上，制动轮拉动触杆，通过压杆将压块压在限速器绳轮的钢丝绳上，使绳轮和限速器绳被刹住。压块的压紧力由弹簧调定。离心式有压绳限速器示意图如图 2-24 所示，实物如图 2-25 所示。

4. 离心抛球式限速器

绳轮转动通过齿轮带动离心球转动，由于球的离心力作用向上压缩弹簧，同时带动活动套上移，使杠杆系统向上提起，当电梯的实际运行速度达到超速开关动作速度时，开关动作，切断电梯控制电路。如果电梯速度继续提高，离心球也进一步张开，杠杆系统就再向上提起，使夹绳钳块夹持钢丝绳，从而安全钳装置动作。离心抛球式限速器一般用在快速和高速电梯上。离心抛球式限速器如图 2-26 所示。

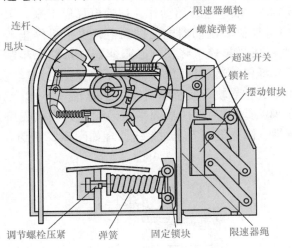

图 2-23 离心甩块式限速器示意图

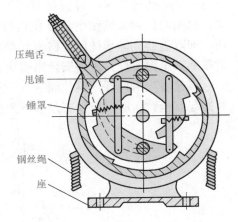

图 2-24 离心式有压绳限速器示意图

图 2-25 离心式有压绳限速器实物

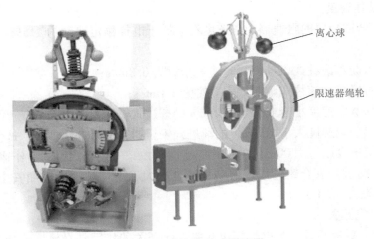

图 2-26 离心抛球式限速器

三、限速器的作用

限速器的作用是当轿厢超速下降时，轿厢的速度立即反映到限速器上，使限速器的转速加快，当轿厢的运行速度达到额定速度的115%时，限速器开始动作，迫使电梯停下来。限速器会立即通过限速器开关切断控制电路，使电动机和制动器电磁铁失电，曳引机停止转动，抱闸闸住制动轮使电梯停止运行。如果电梯还是超速下降，这时限速器进行第二步制动，即限速器立即卡住限速器钢丝绳，此时钢丝绳停止运动，而轿厢还是下降，这时钢丝绳就拉动安全钳拉杆，提起安全钳楔块，楔块牢牢夹住导轨，使轿厢制停在导轨上。

限速器应由良好的钢丝绳（即限速器绳）驱动。因为限速器绳是传递运动并在被夹持时提起安全钳，所以必须有足够的强度和耐磨性。限速器与安全钳系统原理如图2-27所示。

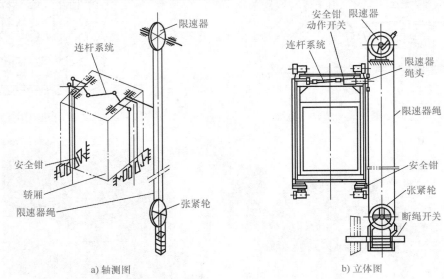

图 2-27　限速器与安全钳系统原理

四、技术参数

1. 限速器动作速度

操纵轿厢安全钳装置的限速器动作速度不应低于电梯额定速度的115%，但应小于下列数值：

1）对于不可脱落滚柱式以外的瞬时式安全钳为 0.8m/s；

2）对于不可脱落式滚柱式瞬时式安全钳为 1.0m/s；

3）对于电梯额定速度小于或等于 1.0m/s 的渐进式安全钳为 1.5m/s；

4）对于电梯额定速度大于 1.0m/s 的渐进式安全钳为（1.25 +0.25）m/s。

5）对于额定速度超过 1.00m/s 的电梯测定时建议按上述上限值的动作速度核定。

对重（或平衡重）安全钳的限速器动作速度应大于上述规定的轿厢安全钳的限速器动作速度，但不得超过10%。

2. 限速器电气开关

在限速器中，要求装设一个电气超速开关，此开关的作用是在轿厢超速后首先被触发，切断曳引机电源，并通过制动器对其实施制动，保证曳引机停止运转；如果超速仍未得到控制，则继而触发安全钳制动。限速器电气超速开关的动作，对于额定速度大于 1.0m/s 的电梯，为轿厢运行速度达到限速器动作速度之前（限速器动作速度的 90% ~ 95%）动作；对于速度小于 1.0m/s 的电梯，其电气超速开关最迟在限速器达到动作速度时起作用。

3. 响应时间

限速器动作前的响应时间应足够短，不允许在安全钳动作前达到危险的速度。

4. 限速器绳

限速器应由限速器钢丝绳驱动。限速器绳的最小破断拉力相对于限速器绳提拉力的安全系数不应小于 8。对于摩擦型限速器，则宜考虑摩擦系数 $\mu_{max} = 0.2$ 时的情况；限速器绳的公称直径应不小于 6mm；限速器绳轮的节圆直径与绳的公称直径之比不应小于 30；限速器绳应用张紧轮张紧，张紧轮（或其配重）应有导向装置；在安全钳作用期间，即使制动距离大于正常值，限速器绳及其附件也应保持完整无损；限速器绳应易于从安全钳上取下。

5. 限速器绳的张力

限速器动作时，限速器绳的张力不得小于以下两个值中的较大者：安全钳起作用所需力的两倍或 300N。

对于只靠摩擦力来产生张力的限速器，其槽口应经过附加的硬化处理及有一个切口槽。限速器上应标明与安全钳动作相应的旋转方向。

【工程施工】

根据安装布置平面图的要求，多数限速器安装在机房楼板上或隔声层里，也有的将限速器直接安装在承重梁上。限速装置的安装应和轿厢同步进行，安装流程见表 2-8。

表 2-8　限速装置安装流程

序号	步骤名称	安装说明	图例
1	确定限速器及张紧装置的位置	由限速器绳轮下旋端的绳槽中心吊垂线，并使这 4 点垂直重合。然后由限速器另一端绳槽中心至张紧装置另一端绳槽中心再吊一垂线，且使这两点垂直重合，位置即可确定	钢板　　绳孔　　膨胀螺栓孔 螺栓孔 （连接限速器用）
	经验寄语：如果限速器绳轮与张紧装置绳轮的直径不同，应以与轿厢相连一侧为基准并符合上述要求，另一侧以两绳槽中心线在同一垂直面上为准		
2	安装限速器（安装在机房楼板上）	限速器安装在机房楼板上时，应使用预埋螺栓或使用膨胀螺栓紧固在混凝土基础上。混凝土基础应大于限速器底座边 25 ~ 40mm，也可用不小于厚度 12mm 的钢板作为基础与机房楼板固定	限速器 楼板　固定螺栓　穿钉螺栓 钢板δ≥12

（续）

序号	步骤名称	安装说明	图例
3	安装限速器（安装在钢板上）	限速器也可通过在其底座设一块钢板为基础板。固定在承重梁上，基础钢板与限速器底座用螺栓固定；该钢板与承重梁可用螺栓或焊接定位	

经验寄语：固定限速器绳轮时，在限速器轮的侧面吊一根铅垂线，使限速器绳轮铅垂度公差在0.5mm之内

序号	步骤名称	安装说明	图例
4	安装张紧装置	在井道底坑距地坪350～450mm处安装限速器张紧轮，调整张紧轮位置，使限速器绳主导轨导面两个方向的偏差均不大于10mm。应用压导板将张紧装置的固定板紧固在位于底坑的轿厢导轨上	
5	缠绕钢丝绳	在限速器绳轮和张紧装置绳轮之间绕上钢丝绳，钢丝绳两端与安全钳绳头拉手相连，用绳卡固定	

经验寄语：限速器就位后，绳孔要求穿导管（钢管）固定，并高出楼板50mm，同时找正后，限速器绳和导管的内壁均应有5mm以上间隙

序号	步骤名称	安装说明	图例
6	限速器绳与安全钳连接	限速器绳与安全钳连接时，至少应用3个钢丝绳扎头扎紧，扎头的压板应置于钢丝绳受力的一边。每个绳扎头间距应大于限速器绳直径的6倍，限速器绳短头端应用镀锌铁扎结	

【工程验收】

限速器安装好以后，可参考表2-9的要求进行验收。

表 2-9　限速器安装验收要求

序号	验收要求	图例
1	限速器绳轮的垂直度偏差不大于 0.5mm，必要时用衬垫调整	
2	限速器绳轮至导轨距离 a 和 b 的偏差不应超过 ±5mm，c 为限速器绳轮直径	导轨 a　b　c　b
3	限速器绳应张紧，正常运行时不得与轿厢或对重接触，不应触及夹绳钳	
4	张紧装置距底坑地坪的高度应符合规定	电梯额定速度/(m/s)：2.0<V≤2.5｜1.0<V≤2.0｜V≤1.0 距离坑尺寸D/mm：750±50｜550±50｜400±50
5	张紧装置自重不小于 30kg，其对钢丝绳每分支的拉力不小于 150N	
6	限速器动作时，其夹绳装置能充分承担钢丝绳因驱动安全钳使电梯停止运动的拉力，且钢丝绳无打滑，限速器无损伤 人为动作使限速器夹绳块动作，夹紧钢丝绳，用弹簧秤挂住动作方向钢丝绳，当弹簧秤拉到 300N 时（或按照设计要求值），钢丝绳未发生滑移	
7	限速器动作速度应不低于轿厢额定速度的 115% 出厂时应有严格的检查和试验，安装时不允许随意进行调整	

（续）

序号	验收要求	图例
8	当限速器绳折断或伸长 50mm 时，断绳开关能自动切断控制电路	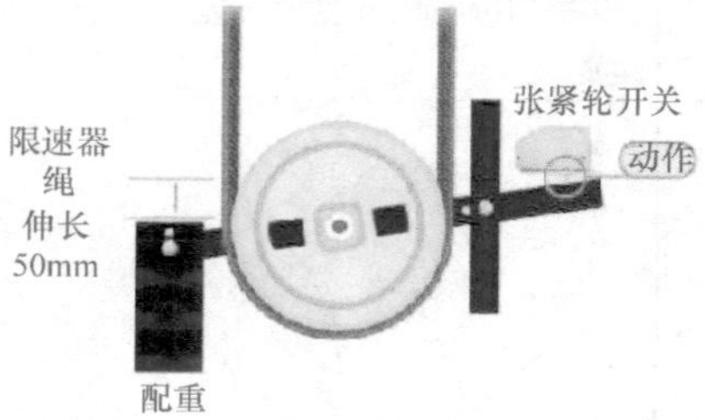
9	限速器上应标明与安全钳动作相应的旋转方向	
10	限速器在任何情况下，都应是可接近的。若限速器装于井道内，则应能从井道外面接近它	

【维护保养】

限速器维护保养要求见表2-10。

表 2-10　限速器维护保养要求

序号	维保要求	图例或说明
1	检查限速器应运转灵活，无异常声音，铅封标记应齐全、无移动痕迹	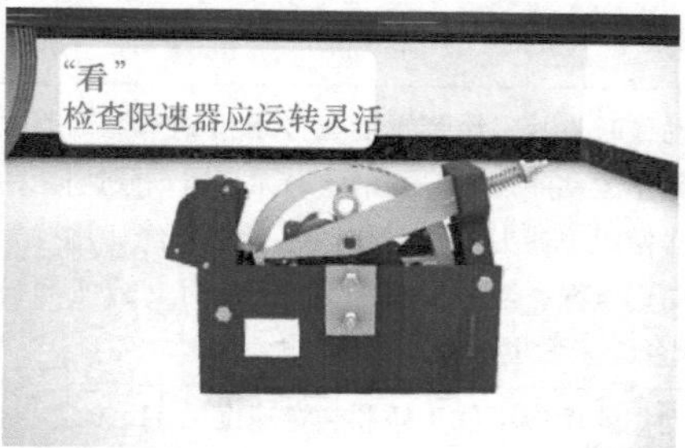

（续）

序号	维保要求	图例或说明
2	检查限速器绳及绳槽，应无严重油污、磨损、无异常	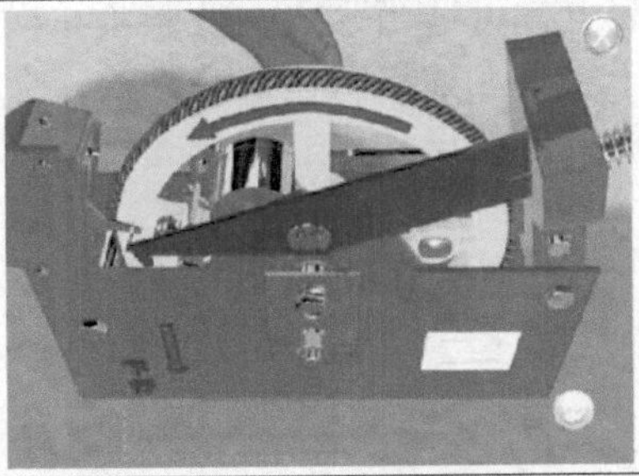
3	检查限速器开关应手动测试3次以上，确认可靠后复位，如有异常，应立即处理	
4	每半年限速器各活动部位用油枪注少量机油，上下运行几次后，擦净油挂痕	
5	手动模拟限速器、安全钳联动试验应正常可靠，如有异常应立即处理	将电梯置于检修状态，人为使限速器动作，在机房操作，让电梯以检修速度下行，限速器开关动作，安全钳联杆动作，安全钳动作可靠，曳引轮打滑
6	用水平尺检查限速器，确保垂直度偏差不大于0.5mm	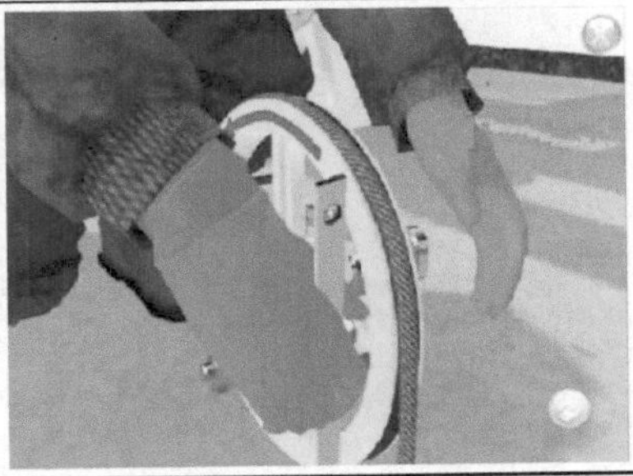

【情境解析】

情境一：安装工人不了解悬挂限速器绳的正确步骤。

解析：正确顺序为①从限速器绳轮动作端的孔向井道放下钢丝绳，与轿厢的安全钳拉杆上端相连接，钢丝绳穿过上端的楔铁绳头，裹住绳头内的"鸡心块"汇出，用绳夹固定；②从限速器绳轮另一端的孔向井道放下钢丝绳，钢丝绳围绕张紧轮后汇向安全钳拉杆下端，钢丝绳穿过下端的楔铁绳头，裹住绳头内的"鸡心块"汇出，用绳夹固定。

情境二：限速器绳过松。

解析：新装电梯可适当紧些，使张紧轮横臂有些上翘，随着钢丝绳自然伸长，最终会使张紧轮横臂趋于水平。如果限速器绳太松，会由于其自然伸长而使张紧轮横臂下摆碰触断绳开关，引起电梯急停的误动作。

【特种设备作业人员考核要求】

【知识梳理】

任务四　机房电气系统的安装与维保

【任务描述】

在电梯机房的合适位置安装机房电源箱并接线，电源箱长度为410mm、宽度为160mm、高度为530mm，箱体内有电源主开关、井道照明开关、轿厢照明开关等。控制柜长400mm、宽280mm、高940mm，柜体内有主板、接触器、变压器、整流桥、变频器等。通过本任务，掌握机房电源箱和控制柜的结构组成、功能作用、安装位置、验收标准等，学会如何根据国家标准和行业规范进行机房布线。机房电气系统安装如图2-28所示。

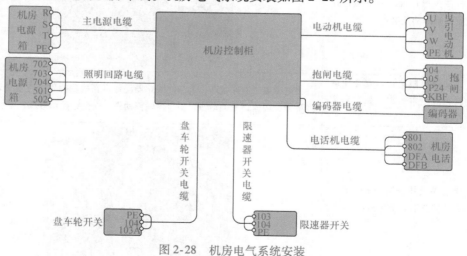

图2-28　机房电气系统安装

【知识铺垫】

一、机房电源箱

机房电源箱是把建筑物的电源线路引到电梯设备上（控制柜和照明等）的电气开关箱。电源箱内有电梯的动力线路开关（主开关）和照明线路开关，照明线路开关包括井道照明开关和轿厢照明开关。电源箱内还需要有接地端子排和中性线 N 的端子排。机房电源箱内器件布置如图 2-29 所示。

二、电梯的供电要求

电梯的供电是通过电线管或电线槽及电缆线，输送到控制柜、屏、曳引机、井道和轿厢。各类电梯的控制方式和电路数量差异较大，但管路或线槽的布置大致相同，接线的要求也基本相似。

电梯的供电电源要求是独立的，而且必须是三相五线制，即 TN – S 系统，如图 2-30 所示，而且要求电源的波动范围不超过 ±7%。

图 2-29 机房电源箱内器件布置

三、机房电源箱的安装要求

1）每台电梯应装设单独的隔离电器和保护装置，并设置在机房内便于操作和维修的地点，应能从机房入口处方便、迅速地接近。

2）如果机房为几台电梯共用，各台电梯的主开关应易于识别，如图 2-31 所示。

主开关应安装于机房进门能随手操作的位置，但应能避免雨水和长时间日照。开关以手柄中心为准，一般为 1.3～1.5m。安装时要求牢固，横平竖直。

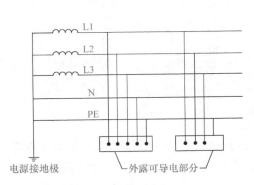

图 2-30 TN – S 系统

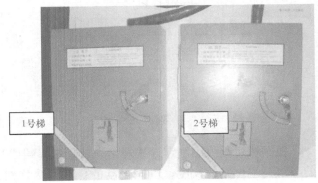

图 2-31 两台电梯的电源箱

3）电梯电源设备的开关宜采用低压断路器。低压断路器是一种既有开关作用又能进行自动保护的低压电器。当电路中发生短路、过载和欠电压（电压过低）等故障时能自动切断电路，起到相应的保护作用，还能进行远距离操作。

四、控制柜的外部框架

控制柜由钣金框架结构、螺栓拼装组成。钣金框架尺寸统一，并能够用销钉很方便地挂上、取下。正面的面板装有可旋转的销钩，构成可以锁住的转动门，以便从前面接触到装在控制柜内的全部元器件，使控制柜可以靠近墙壁安装。常用的两种电梯控制柜有双门和三门两类。

五、控制柜的内部组成

控制柜由柜体和各种控制电器元件组成。早期的电梯控制柜中有断路器、接触器、继电器、电容器、电阻器、信号继电器、供电变压器及整流器等。目前，电梯控制单元大多由PLC和变频器组成或由全微机板控制。

六、机房敷线的作业方法及注意事项

机房上的连接部件有抱闸线圈、限速器开关、机房急停开关、旋转编码器、电源箱、控制柜等。

电梯机房电气设备分布在机房的各个位置，要将各电气设备线路连接起来，就要对线槽位置进行布置，机房线槽敷设位置示意图如图 2-32 所示。电缆敷设要领如图 2-33 所示。

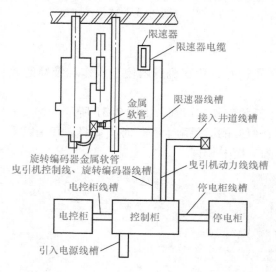

图 2-32　机房线槽敷设位置示意图

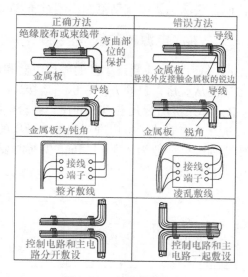

图 2-33　电缆敷设要领

根据机房接线图确定导线规格、数量及终端位置的尺寸。先用一条细导线量出所要裁剪的导线终端位置的长度，以该长度的导线作为样线，再以样线裁剪出所要裁剪的导线的数量。在对导线进行裁剪的同时，应在导线的两端做好标记，在接线时对照使用。接地线也应同时进行。

将裁剪好的导线分别引入对应的线槽、金属软管及金属管中，使之两端到达相应的连接部位。

1）导线在金属管或金属软管的出口处，应用绝缘胶布缠绕 6~8 圈，缠绕长度 100mm以上。如果不用胶布缠绕，则应该加入塑料垫片作为保护。

2）动力线（U、V、W）应与控制线分开敷设，如果在同一段线槽中同时敷设这两类线路的导线，应将控制线用金属软管防护后再放入线槽中，中性线和接地线应始终分开，接地线为黄-绿双色线。

3）旋转编码器线应使用独立金属软管敷设。

4）机房所有导线敷设完毕后，要将机房所有线槽盖盖上。

5）电缆线可通过暗槽把线引入控制柜，也可通过明槽从控制柜的前面或后面引入控制柜。

七、旋转编码器

旋转编码器是一个对速度、距离进行反馈的装置，它与计算机、变频器、电动机构成了一个闭环控制系统，对电梯的速度、距离进行控制。旋转编码器外形如图2-34所示。

a) 常见外形

b) 拆分结构

图2-34 旋转编码器外形

1. 旋转编码器分类

旋转编码器可分为增量式、绝对值以及混合式绝对值三种。电梯曳引机上主要使用的编码器是增量式旋转编码器和混合式绝对值编码器，在某些高速电梯限速器上会采用绝对值旋转编码器。

1）增量式旋转编码器。增量式旋转编码器（见图2-35）转动时输出脉冲，通过计数设备来定位其位置，因此编码器输出的位置数据是相对的。

当编码器不动或停电时，就需要依靠计数设备的内部记忆来记住位置，即电梯断电后，电梯的位置靠电梯内部存储器记录。在电梯重新送电之前编码器不能有任何移动，

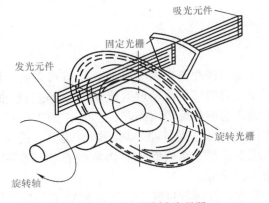

图2-35 增量式旋转编码器

否则会产生位置零点偏移，而且这种偏移量是未知的，只有错误结果出现后才能知道。电梯停电困人后采用盘车的方法进行救人就造成了位置的零点漂移。送电后电梯需要重新回到最低层进行复零。

2）绝对值旋转编码器。绝对值旋转编码器为每个轴的位置提供一个独一无二的编码数字值。

绝对值旋转编码器光码盘上有许多道刻线，每道刻线依次以2线、4线、8线、16线等编排，这样，在编码器的每个位置都能获得一组从 $2^0 \sim 2^{n-1}$ 的唯一的二进制编码（格雷码），这就称为 n 位绝对值旋转编码器。绝对值旋转编码器由机械位置决定每个位置的唯一性。

3）混合式绝对值编码器。混合式绝对值编码器输出两组信息：一组信息用于检测磁极位置（编码器输出的位置信号与电动机实际位置角的对应关系），带有绝对信息功能；另一组则完全同增量式编码器的输出信息。因此，混合式绝对值编码器具备绝对值旋转编码器旋转角度编码的唯一性与增量式旋转编码器的应用灵活性。

2. 旋转编码器的原理

旋转编码器是一种通过光电转换将固定轴上的机械几何位移量转换成脉冲或数字量的传感器，是目前应用最多的传感器之一。旋转编码器由光栅盘和光电检测装置组成。光栅盘是在一定直径的圆板上等分地开通若干个长方形孔。由于光栅盘与电动机同轴，电动机旋转时，光栅盘与电动机同速旋转，经发光二极管等电子元件组成的检测装置检测输出若干脉冲信号，其原理示意图如图2-36所示。

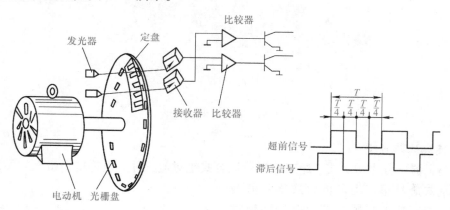

图 2-36　旋转编码器原理图

当层楼距离数据（脉冲数）写入完成，控制系统微机在软件生成选层器的基础上根据指令、召唤信号而确定运行方向及给定行程曲线。为使用PLC的变址寄存器和高速计数器，借助机房内的旋转编码器、轿顶上的门区平层感应器和井道内每个层站的隔离板，通过微机软件实现与完成自动采集、即时运算、随机存储层楼高度（如图2-37所示）、减速距离、平层矫正等一系列动作及内容的自学习程序梯形图。上行、下行的学习过程如图2-38和图2-39所示。

在电梯运行过程中，通过旋转编码器检测、软件实时计算以下信号：电梯所在层楼位置、换速点位置、平层点位置，从而进行层楼计数，发出换速信号和平层信号。

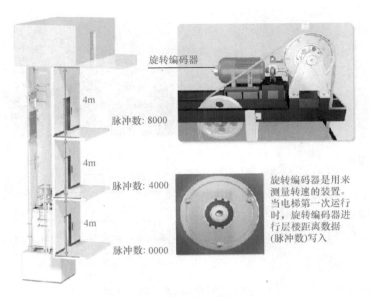

图 2-37 存储层楼高度

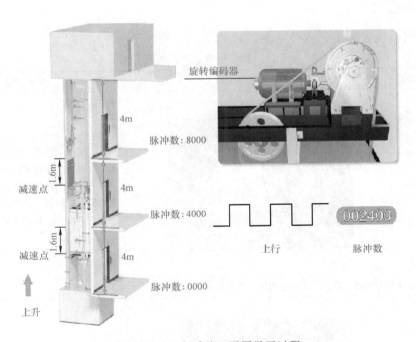

图 2-38 上行减速、平层学习过程

3. 旋转编码器引起的电梯故障

在电梯系统中，旋转编码器与微机、变频器、电动机构成了一个速度闭环控制系统：旋转编码器采集电动机速度反馈的信号，转换成脉冲信号，输入变频器或者微机（包括 PLC 和单片机控制器）。变频器或微机将反馈回来的速度信号和自己输出的信号做比较和调整，当信号不一致超过范围时电梯故障报警。

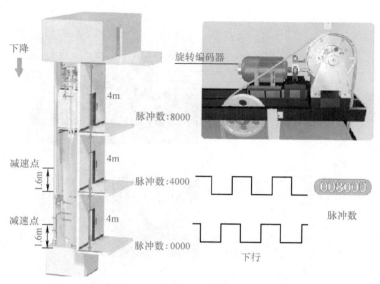

图2-39 下行减速、平层学习过程

【工程施工】

机房电气系统安装工艺流程见表2-11。

表2-11 机房电气系统安装工艺流程

步序	步骤名称	安装步骤图示	安装说明
1	箱体固定		1. 用套筒扳手把电源箱箱体固定在打入墙内的4个膨胀螺栓上 2. 把膨胀螺栓的垫片、弹垫和螺母装在螺钉上，用套筒扳手把螺母拧紧 3. 把4个固定螺栓均固定好
	经验寄语：箱体固定好后，可以用手晃动箱体，看是否有松动情况		
2	电源箱接线		1. 使用合适的螺钉旋具接好电源箱的动力线路输入端、输出端和接地线 PE 2. 使用合适的螺钉旋具接好照明线路的输入端、输出端和中性线 N

（续）

步序	步骤名称	安装步骤图示	安装说明
	经验寄语："O"形接线端子比"Y"形接线端子更牢固。在压接较粗较硬导线时，宜选用"O"形端子。中性线"N"和接地线"PE"，因为使用次数较多，宜采用端子排接线来扩充接线点数。对多股电缆压接端子时，要选择合适型号的线鼻子，且不能通过剪断若干线芯来迎合端子		
3	控制柜定位	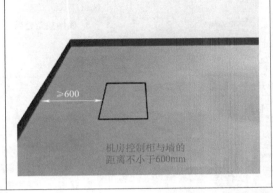 机房控制柜与墙的距离不小于600mm	1. 控制柜与墙的距离不小于600mm 2. 控制柜与门窗的距离不小于600mm
	经验寄语：基础地面不平的时候，一定要先把地面整平再进行下一步工作。控制柜底座的安装位置与门或窗的距离应符合要求，并且位置也要符合图样要求		
4	控制柜底座安装	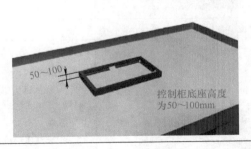 50~100 控制柜底座高度为50~100mm	1. 用电锤在机房地面的正确位置打入4个膨胀螺栓 2. 把控制柜底座固定在4个螺栓上
	经验寄语：膨胀螺栓的位置要校正，且打入地面的方向不能歪斜。保证控制柜门的朝向面向曳引机，方便检修。控制柜底座下面的基础地面要平整，底座本身要横平竖直。如果控制柜所处位置的基础地面平整度符合要求，则可以不装底座		
5	安装控制柜门	 安装控制柜门	1. 把控制柜的门用插销固定在柜体上 2. 关好控制柜的门
	经验寄语：控制柜的门和柜体均要接地线		

（续）

步序	步骤名称	安装步骤图示	安装说明
6	安装从电源箱竖槽底部到控制柜的线槽	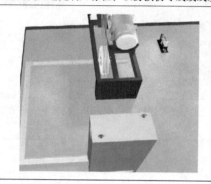	1. 沿墙角敷设一段线槽 2. 接着上一段线槽连接到控制柜入线口 3. 线槽拐角处做好处理
	经验寄语：线槽拐角处的内侧要避免利刃存在，以防损伤导线或线缆		
7	安装从控制柜到曳引机的线槽	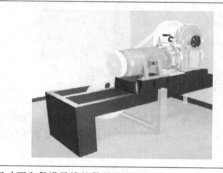	1. 沿墙角敷设一段线槽 2. 接着上一段线槽延伸到曳引机下部 3. 线槽拐角处做好处理
	经验寄语：动力线路和控制线路要分开敷设		
8	安装限速器线槽		1. 安装从曳引机下部到曳引电动机、旋转编码器、制动器、盘车手轮开关的共用线槽 2. 安装从曳引机下部到限速器开关的细线槽
	经验寄语：线槽的尺寸要和敷设导线的数量及面积相符合，少量导线不需要用大线槽		
9	安装线槽接地线		在任何两个相邻的线槽之间安装接地线

（续）

步序	步骤名称	安装步骤图示	安装说明
	经验寄语：接地线的螺栓一定要接触良好，接地点处要除去线槽漆皮		
10	电源箱到控制柜接线	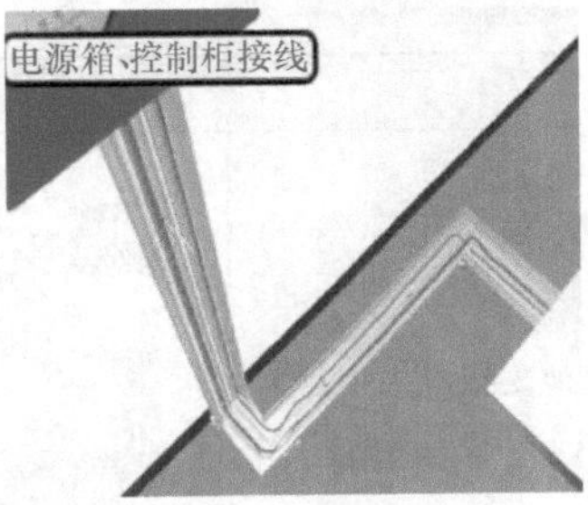 电源箱-控制柜接线	敷设从电源箱到控制柜的线
11	从控制柜到曳引机接线	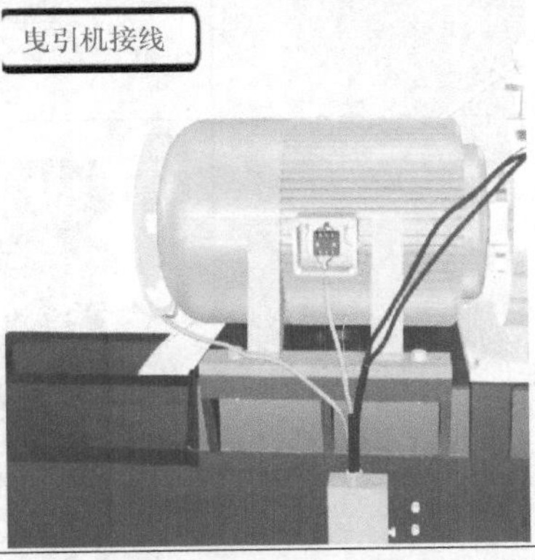 曳引机接线	敷设曳引机周边的电缆和电线
	经验寄语：线槽的出口要覆盖，导线在线槽的出口处要加导线的护口		
12	安装线槽盖	 安装线槽盖	1. 盖上线槽盖 2. 螺钉穿出线槽盖10mm左右 3. 用螺母把线槽盖固定好
	经验寄语：线槽盖要齐全，拐弯处做好处理		
13	安装旋转编码器		把旋转编码器固定在电动机尾部

【工程验收】

机房电气系统安装完成后，即可按表2-12的要求进行验收。

表2-12 机房电气系统验收

序号	验收标准	参考图例
1	外露可导电部分均必须可靠接地（PE），接地支线应采用黄绿相间的绝缘导线	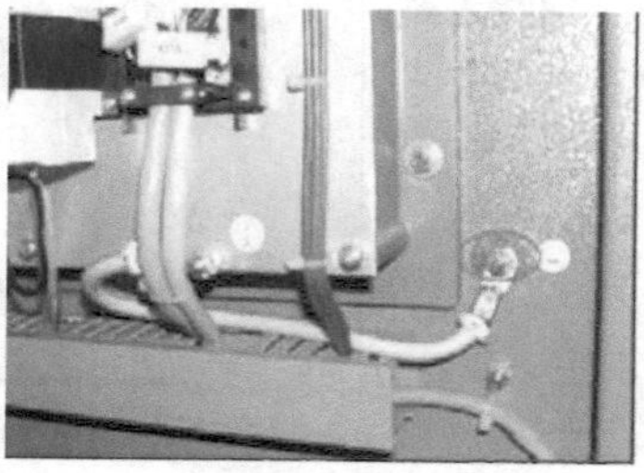
2	接地支线应分别直接接至接地干线接线柱上，不得互相连接后再接地	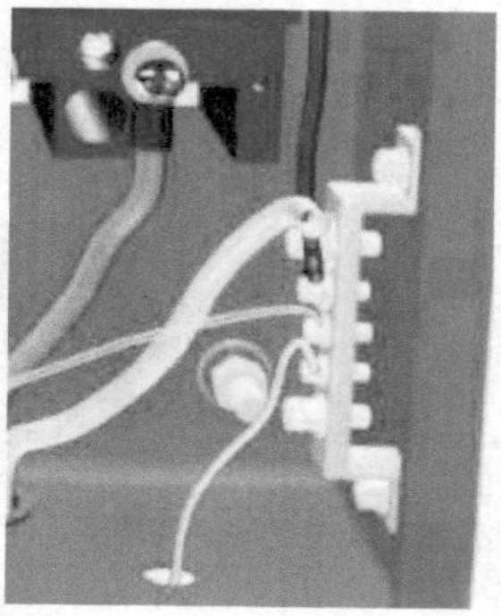
3	主开关整定容量应稍大于所有电路的总容量，并具有切断电梯正常使用情况下最大电流的能力 主电源开关不应切断下列供电电路： 1）轿厢照明和通风 2）机房和滑轮间照明 3）机房、轿顶和底坑的电源插座 4）井道照明 5）报警装置	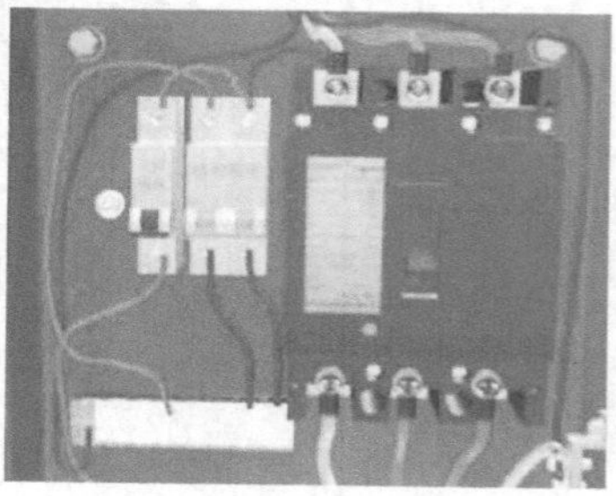
4	软线和无护套电缆应在导管、线槽或能确保起到等效防护作用的装置中使用	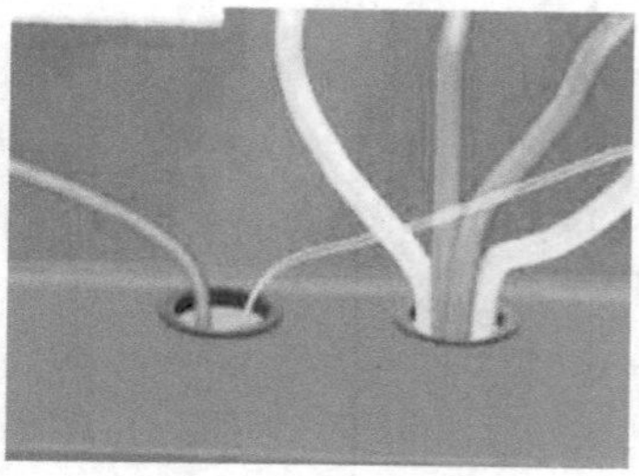

（续）

序号	验收标准	参考图例
5	电源箱要安装在机房门口附近，方便接近；距机房地面高度1.3~1.5m，方便操作	机房电源箱高度距地面1.3~1.5m
6	敷设导线槽应横平竖直，无扭曲变形，内壁无毛刺。线槽采用射钉和膨胀螺栓固定，每根电线槽固定点应不少于两点	
7	电梯动力电路与控制电路宜分离敷设或采取屏蔽措施。除36V及以下安全电压外的电气设备金属外壳均应设有易于识别的接地端，且应有良好的接地。接地线应采用黄绿双色绝缘导线分别直接接至接地端上，不应互相串接后再接地	
8	线管、线槽的敷设应平整、牢固，线槽内导线总面积不大于槽净面积的60%；线管内导线总面积不大于管内净面积的40%	

（续）

序号	验收标准	参考图例
9	线槽弯角和连接要符合工艺要求，所有的连接螺栓必须由线槽内往外穿，然后用螺母紧固。安装牢固，每个线槽固定点不应少于两点。并列安装时，应使槽盖便于开启。安装都应横平竖直，接口严密，槽盖齐整、平整、无翘角。出线口应无毛刺，位置正确	
10	出入线管或线槽的导线，应使用专用护口，如无专用护口时，应加有保护措施。导线的两端应有明显的接线编号或标记	
11	线槽与线槽的接口应平直，槽盖应齐全，盖好后应平整无翘角，数槽并列安装时，槽盖应便于开启。线槽底脚压板螺栓应稳固，露出线槽盖不宜大于10mm	
12	所有电气设备及导管、线槽的外露可导电部分均必须可靠接地	

（续）

序号	验收标准	参考图例
13	线管、槽及箱、盒连接处的跨接地线不可遗漏，若使用铜线跨接时，连接螺栓必须加弹簧垫。各接地线应分别直接接到专用接地端子上，不得串接后再接地	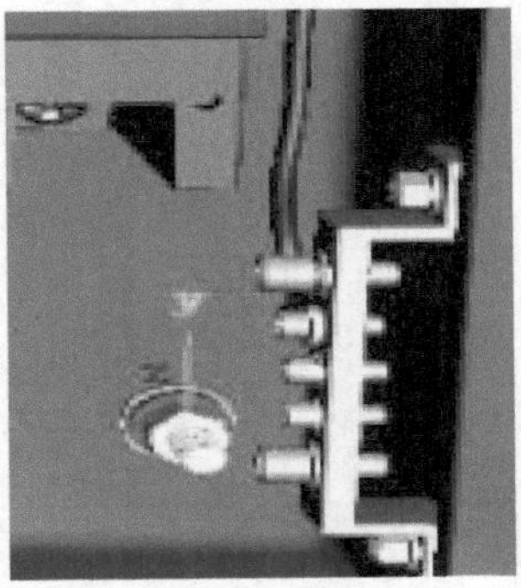

【维护保养】

机房电气系统的维护保养见表 2-13。

表 2-13 机房电气系统的维护保养

序号	维保要点	图例
1	控制柜内各部件表面应无杂质、无灰尘，清洁时应用小毛刷清扫	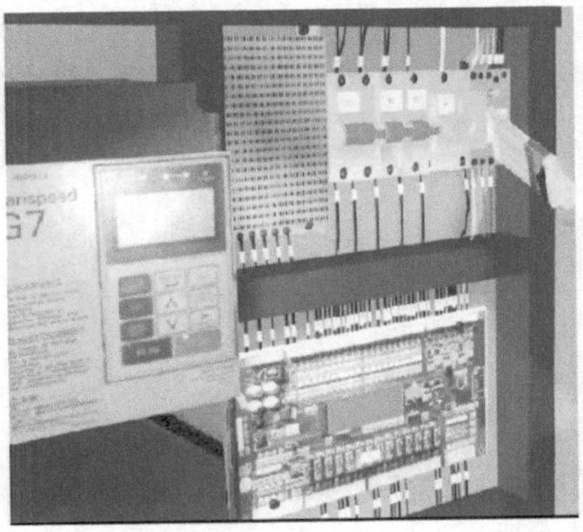
2	各开关装置及保险标识明确，工作可靠无异常	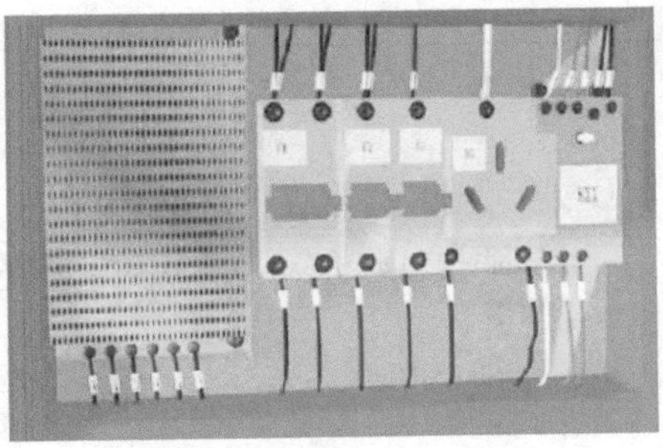

（续）

序号	维保要点	图例
3	电子板插件应固定可靠，表面无积尘、无异味，各指示灯工作正常	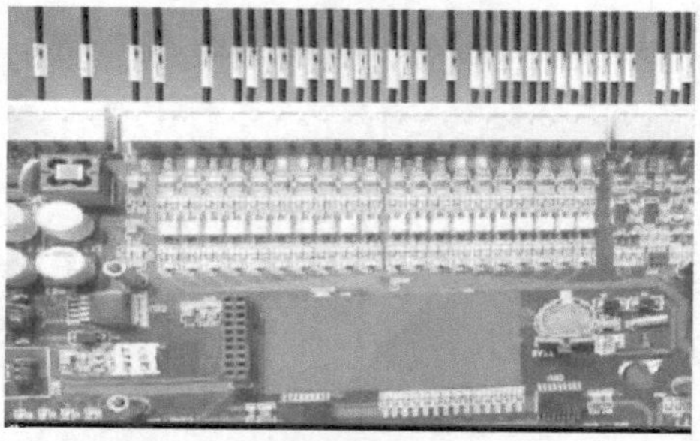
4	急停开关应手动测试 3 次以上，确认可靠后复位，如有异常应立即处理	
5	门锁及安全回路应无短接现象，线槽盖板应齐全、严密，接地应良好。应确保各接线端子标志和编号清晰、接线紧固，无氧化及腐蚀现象	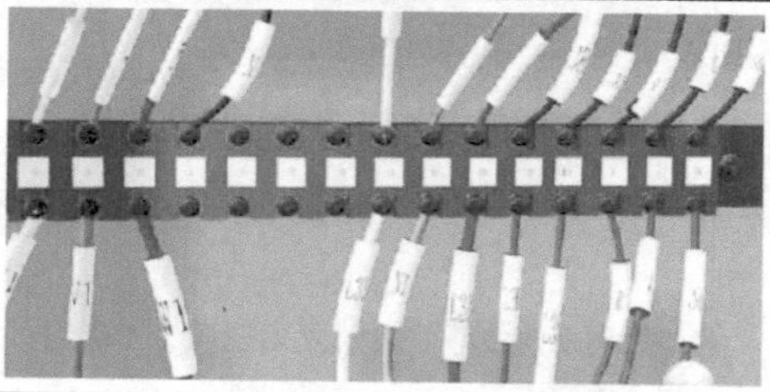
6	有故障检测功能的电梯，应检查故障记录并做相应处理	
7	电气部件的工作状态及检测点的工作参数符合产品说明要求	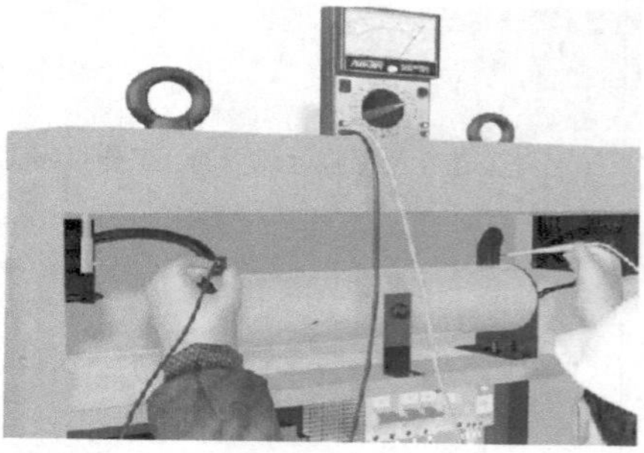

（续）

序号	维保要点	图例
8	采用断相检查相序保护装置，确保可靠，如有异常应立即处理	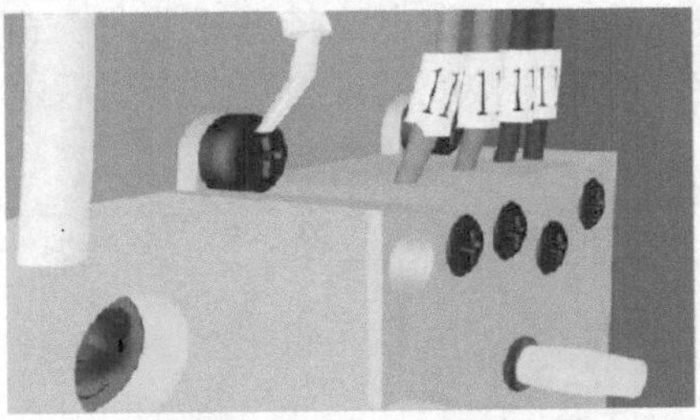
9	采用错相检查相序保护装置，确保可靠，如有异常应立即处理	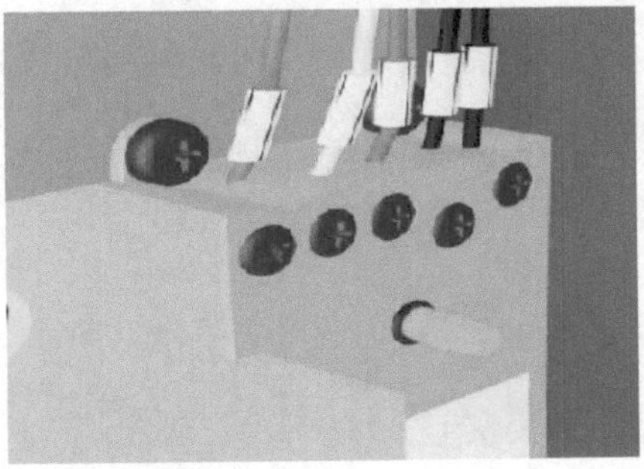
10	编码器应固定可靠，清洁卫生、运转灵活、无异常声音	

【情境解析】

情境一：施工工人在敷设机房的金属线槽时，使用焊接的方式。

解析：这是不科学的。不焊接线槽是为了便于线路检修及更换，就像水管需要活接一样。另外，在线路需要检修更换时，因为安全原因，是不能切割的，哪怕机械切割。因为如果切割时伤及线路，将会造成漏电等严重事故。如果线槽焊接，就会非常麻烦。反之，如果活动连接，就很容易实现。

情境二：旋转编码器导致电梯异常振动。

解析：旋转编码器导致的异常振动特征多种多样，且没有很明确的规律性。大概有两种情况，一是由于旋转编码器安装不良，其在振动曲线上表现为有一定规律可循的锯齿波；二是由于旋转编码器受到干扰，导致电梯运行时，尤其是准备停车时出现偶然性跳动。对于旋转编码器的布线，需要遵循加穿金属蛇皮管单端接地，并与动力线路分开布线的原则。在现场干扰特别厉害时，可以采用磁环在旋转编码器布线进板端固定，增强抗干扰能力。

情境三：旋转编码器接错线导致电梯起动、停车时振动。

解析：这个故障是在电梯调试时发现的。当时反映电梯在起动和停车时会有上下方向的强烈跳动。检查过电流传感器方向、相关电气参数，更换旋转编码器均未解决问题。最后发现旋转编码器接线错误，更正接线后电梯正常。

【特种设备作业人员考核要求】

【对接国标】

【知识梳理】

项目三

轿厢系统的安装与维保

设备、材料要求

1）轿厢零部件完好无损，数量齐全，规格符合要求。

2）各个传动、转动部件应灵活可靠，安全钳装置应有型式试验报告结论副本，渐进式安全钳需有调试证书副本。

3）方木使用 200mm×200mm 厚度以上，工字钢使用 20#，ϕ16mm 膨胀螺栓，100mm×100mm 角钢，直径大于 50mm 的圆钢或 ϕ75mm×4 的钢管，8#铅丝等。

机具

电锤、倒链（3t 以上）、撬棍、钢丝绳扣、钢丝钳、梅花扳手、活扳手、锤子、手电钻、水平尺、线坠、钢直尺、盒尺、圆锉、钢锯、螺钉旋具、木锤、塞尺等。

作业条件

1）机房装好门窗，门上加锁。严禁非作业人员进入，机房地面无杂物。

2）顶层脚手架拆除后，有足够作业空间。

3）施工照明应满足作业要求，必要时使用手持灯。

4）导轨安装、调整完毕。

5）顶层厅门口无堆积物，有足够搬运大型部件的通道。

任务一　轿厢架的组装与维保

【任务描述】

某电梯安装工地，井道脚手架已搭设好，根据工程进度，需要组装轿厢架，通过完成此任务，熟悉轿厢架的组成部分、组装流程和注意事项等。轿厢架结构如图 3-1 所示。

多种轿厢架结构如图 3-2 所示。

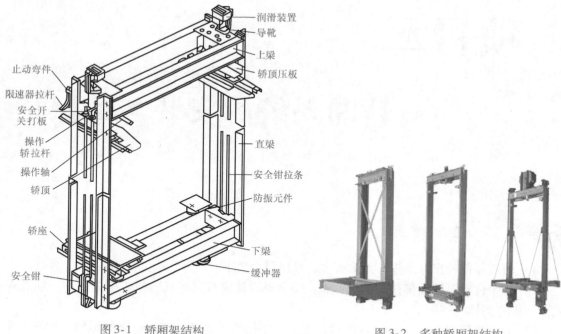

图 3-1　轿厢架结构

图 3-2　多种轿厢架结构

【知识铺垫】

轿厢是电梯的主要部件之一，主要由轿厢架、轿厢体组成。轿厢架是承重构架，由底梁、立柱、上梁和拉条组成，在轿厢架上还装有安全钳、导靴、反绳轮等。轿厢体由轿底、轿顶、轿门、轿壁等组成，在轿厢体上安装有自动门机构、轿门安全机构等。在轿厢架和轿底之间还装有称重超载装置。

轿厢的组装一般都在上端站进行。上端站最靠近机房，便于组装过程中起吊部件、核对尺寸及与机房联系等。由于轿厢组装位于井道的最上端，因此通过曳引绳和轿厢连接在一起的对重装置在组装时，就可以在井道底坑进行，这对于轿厢和对重装置组装后再悬挂曳引绳、通电试运行前对电气部分做检查和预调试、检查和调试后的试运行等都是比较方便和安全的。

轿厢架组装前的准备工作如下：

1）拆除上端站的脚手架且低于上端层站的楼面。在上端层站门口地面对面的井道壁上平行地凿两个洞，两洞间宽度与层门口宽度相同。

2）在层门口与该对面井道壁孔洞之间，水平地架起两根不小于 200mm×200mm 的方木或钢梁，作为组装轿厢的支撑架。校正其水平度后用木料塞紧固定。

3）在机房楼板承重梁位置横向固定一根不小于 $\phi50mm$ 的钢管，由轿厢中心对应的楼板预留孔洞中放下钢丝绳扣，悬挂一个 2~3t 的环链手动葫芦，以便组装轿厢时起吊轿底梁、上梁等较大的零件。

4）在顶层厅门口对面的混凝土井道壁相应位置上安装两个角钢托架（用 100mm×

100mm 角钢），每个托架用 3 个 ϕ16mm 膨胀螺栓固定。

5）在厅门口牛腿处横放一根木方，在角钢托架和横木上架设两根 200mm×200mm 木方（或两根 20#工字钢）。两横梁的水平度偏差不大于 2/1000，然后把木方端部固定，如图 3-3 所示。

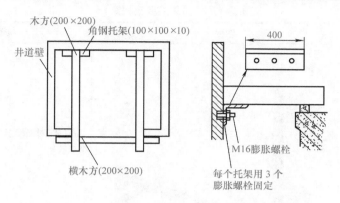

图 3-3　固定木方

大型客梯及货梯应根据梯井尺寸计算来确定木方及型钢尺寸、型号。

6）若井道壁为砖结构，则在厅门口对面的井道壁相应的位置上剔两个与木方大小相适应、深度超过墙体中心线 20mm 且不小于 75mm 的洞，用以支撑木方一端，如图 3-4 所示。

7）在机房承重梁上相应位置（若承重梁在楼板下，则为轿厢绳孔旁）横向固定一根直径不小于 450mm 圆钢或规格为 75mm×4mm 的钢管，由轿厢

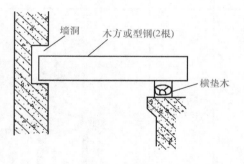

图 3-4　墙洞

中心绳孔处放下钢丝绳扣（不短于 13mm），并挂一个 3t 倒链葫芦，以备安装轿厢使用，如图 3-5 所示。

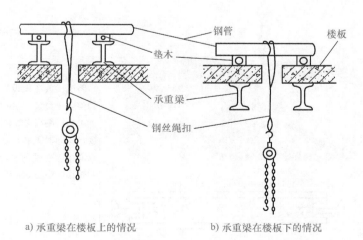

a) 承重梁在楼板上的情况　　b) 承重梁在楼板下的情况

图 3-5　挂倒链葫芦

【工程施工】

轿厢架组装流程之一可参考表3-1。

表3-1 轿厢架组装流程之一

序号	步骤名称	图例	步骤说明
1	安装角铁架	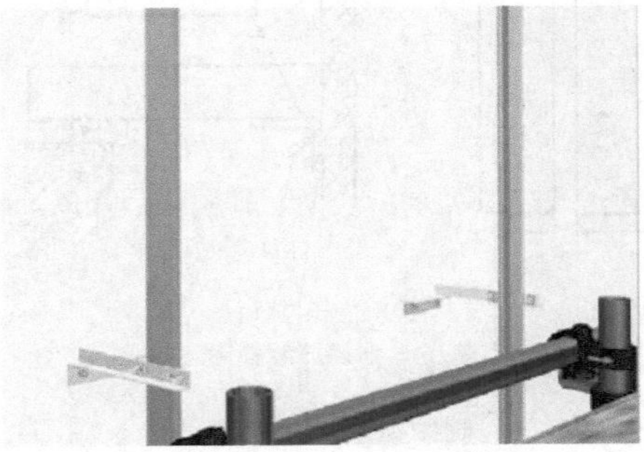	在门洞对面墙壁合适位置用螺栓固定两个角铁架
2	放置横方木和方木	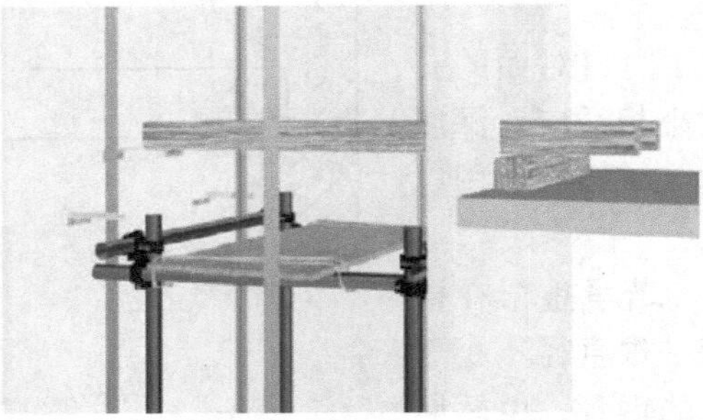	层门地面横放一根方木，在角铁架和层门地面方木之间架起两根方木
3	安装底梁和安全钳楔块	 调整安全钳口和导轨面间隙，使得 $a=a'$，$b=b'$ 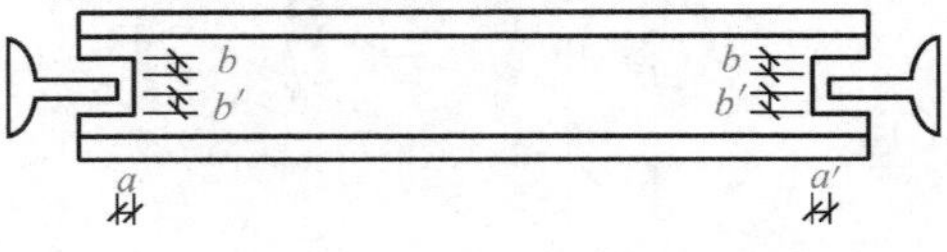	将底梁放在架设好的木方或工字钢上。调整安全钳口（老虎嘴）与导轨面间隙，如电梯厂图样有具体规定尺寸，要按图样要求，同时调整底梁的水平度，使其横、纵向不水平度均≤1‰。调整安全钳口与导轨面间隙至 $a=a'$，$b=b'$

（续）

序号	步骤名称	图例	步骤说明
3	安装底梁和安全钳楔块	3～4　　3～4 安全钳座 楔块　　导轨	楔齿距导轨侧工作面的距离调整到3～4mm，且4个楔块距导轨侧工作面间隙应一致，然后用厚垫片塞于导轨侧面与楔块之间，使其固定，同时把导轨顶面用木楔塞紧
4	安装立柱		将立柱与底梁连接，连接后应使立柱垂直，其不铅垂度在整个高度上≤1.5mm，不得有扭曲，若达不到要求则用垫片进行调整。安装立柱时应使其自然垂直，达不到要求时，要在上、下梁和立柱间加垫片进行调整，不可强行安装
5	安装上梁		1. 用倒链葫芦将上梁吊起与立柱相连接，装上所有的连接螺栓 2. 调整上梁的横、纵向水平度，使不水平度≤5/1000，同时再次校正立柱使其不垂直度不大于1.5mm。装配后的轿厢架不应有扭曲应力存在，然后分别紧固连接螺栓
6	安装绕绳轮		轿顶轮的防跳挡绳装置，应设置防护罩，以避免伤害作业人员，又可预防钢丝绳松弛时脱离绳槽、绳与绳槽之间落入杂物。这些装置的结构应不妨碍对滑轮的检查维护。采用链条的情况下，亦要有类似的装置

【工程验收】

轿厢架组装好以后，可以根据表 3-2 的要求进行验收。

表 3-2　轿厢架组装验收

序号	验收要点	图例
1	角铁托架采用尺寸 100mm × 100mm × 10mm。方木截面采用 200mm × 200mm 厚度	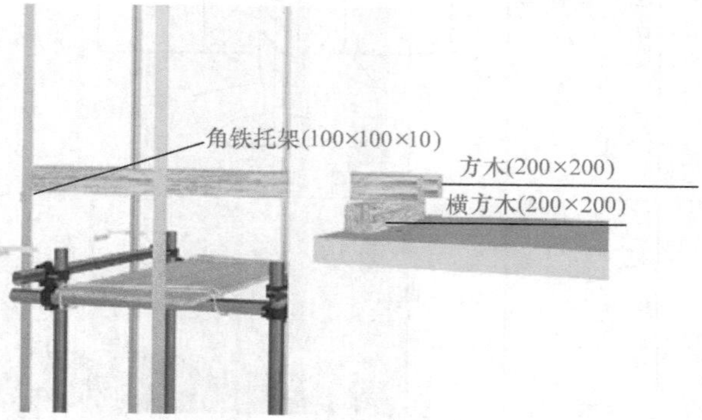 角铁托架(100×100×10)　方木(200×200)　横方木(200×200)
2	轿厢架底梁的横向、纵向水平度均不大于 1/100	 底梁横向、纵向水平度均不大于1/100
3	轿厢立柱的不铅垂度在整个高度上不大于 1.5mm，不得有扭曲	

（续）

序号	验收要点	图例
4	轿厢上梁的横向、纵向不水平度不大于0.5/1000	
5	上梁带有绳轮时，要调整绳轮与上梁间隙，使 a、b、c、d 相等，其相互尺寸误差 ≤1mm，绳轮自身垂直偏差 ≤0.5mm	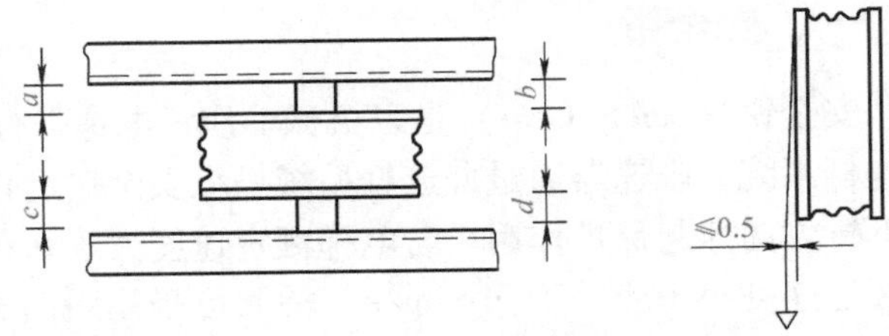 ≤0.5

【情境解析】

情境：轿厢架底梁和上梁安装不水平。

解析：可能原因有：①放置横木的角铁架安装不水平；②横木在水平方向有弯曲变形；③底梁和立杆连接时左右受力不均，一侧松一侧紧；④上梁和立杆连接时没有注意水平度。

解决方案：安装过程严格按照操作规范进行，必要时用水平尺测量。

【特种设备作业人员考核要求】

【知识梳理】

任务二 安全钳的安装与维保

【任务描述】

某电梯安装工地，轿厢架已组装完毕，根据工程进度，需要安装安全钳。通过完成此任务，可以掌握安全钳的结构和作用、安装过程、注意事项等。安全钳如图3-6所示。

图3-6　安全钳

【知识铺垫】

一、安全钳

安全钳（Safety Gear）是以机械动作将电梯强行制停在导轨上的机构，其操纵机构是一组连杆系统，限速器通过此连杆系统操纵安全钳起作用。安全钳装置只有在电梯轿厢或对重的下行方向才起保护作用。若电梯额定速度大于0.63m/s，轿厢应采用渐进式安全钳。若电梯额定速度小于或等于0.63m/s，轿厢可采用瞬时式安全钳。若额定速度大于1m/s，对重（或平衡重）安全钳应是渐进式的，其他情况下，可以是瞬时式的，瞬时式安全钳能瞬时使夹紧力达到最大值，并能完全夹紧在导轨上。安全钳结构分解如图3-7所示。

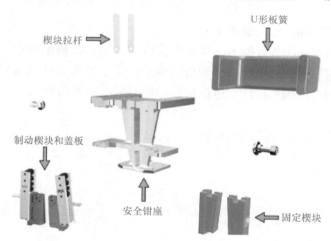

楔块拉杆　　U形板簧　　制动楔块和盖板　　安全钳座　　固定楔块

图3-7　安全钳结构分解

渐进式安全钳采取弹性元件，使夹紧力逐渐达到最大值，最终能完全夹紧在导轨上。当轿厢（对重）超速运行或出现突然情况时，接受限速器操纵，以机械动作将轿厢强行制停在导轨上。安全钳的元件如图3-8所示。

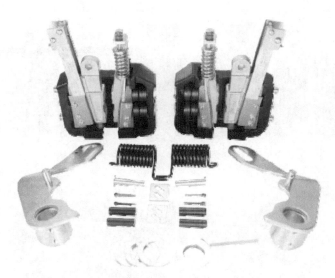

图 3-8　安全钳的元件

二、安全钳分类

安全钳种类较多,其结构由安全钳座、楔块(偏心块或滚柱)、楔块拉杆等组成。安全钳座在轿厢架的底架上,处于导靴之上;钳块和垂直拉杆装在轿厢外壁两侧立柱上。安全钳安装在轿厢的两侧,通过钢丝绳和拉杆连接到限速器上,如图 3-9 所示。

当电梯正常运行时,楔块(偏心块或滚柱)与导轨面间的间隙一般为 2~3mm。

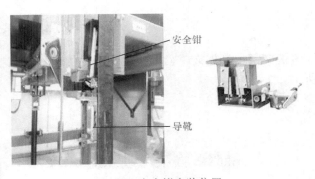

图 3-9　安全钳安装位置

按照结构上的特点,安全钳可以分为偏心块式、滚柱式、楔块式及钳式几种。

按制动电梯轿厢时间的长短,安全钳可分为瞬时式、渐进式(或称滑动式)两种。瞬时式安全钳,轿厢制停距离很小;渐近式安全钳,轿厢制停距离较大。

1. 瞬时式安全钳

瞬时式安全钳的钳体为整体式结构,一般用铸钢制造,具有足够的强度和刚度,如图 3-10所示,因此又称刚性安全钳,在制停过程中楔块或其他形式的卡块迅速地卡入导轨表面,从而使轿厢制停在导轨上。因制停的时间和距离很短,轿厢受到较大的冲击。整个制停距离仅有几十毫米,甚至几毫米。所以瞬时式安全钳适用于额定速度不超过 0.63m/s 的电梯。

2. 楔块式安全钳

钳体由铸钢制成,安装在轿厢架的下梁部位,每根导轨分别由两个楔块(双楔型)夹持,也有用一个楔块(单楔型)动作的。一旦楔块与导轨接触,由于楔块斜面的作用致使

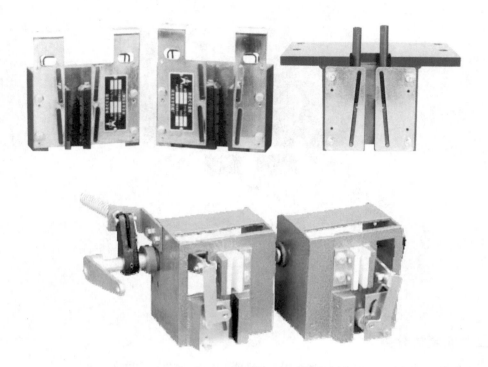

图 3-10　瞬时式安全钳

导轨被夹紧，且越夹越紧。此时安全钳的动作就与操纵机构无关。楔块式安全钳如图 3-11 所示。

图 3-11　楔块式安全钳

楔块渐进式安全钳与瞬时式安全钳的根本区别在于钳座是弹性结构，当楔块被拉杆提起，贴合在导轨上起制动作用，楔块通过导向滚柱将推力传递给导向楔块，导向楔块后侧装有弹性元件，使楔块作用在导轨上的压力具有了一定的弹性，产生相对柔和的制停作用，增加了导向滚珠可以减少动作时的摩擦力，使安全钳动作后容易复位。楔块渐进式安全钳如图 3-12所示。

3. 偏心块式安全钳

偏心块式安全钳由两个硬化钢制成的带有半齿形的偏心块组成。其有两根联动的偏心块连接轴，轴的两端用键与偏心块相连。偏心块式安全钳如图 3-13 所示。当安全钳动作时，两个偏心块连接轴相对转动，并通过连杆使 4 个偏心块保持同步动作。偏心块由弹簧复位，通常在偏心块上装有一根提拉杆。由于偏心块卡紧导轨面积很小，接触面的压力很大，动作时容易使齿或导轨表面受到损坏。

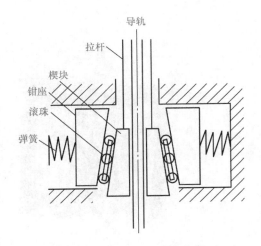

图 3-12 楔块渐进式安全钳

4. 滚柱式安全钳

操纵杆提起时，淬硬的滚花钢制滚柱在钳体楔形槽内向上滚动，在滚柱贴至与导轨接触时，钳爪就在钳体内水平移动，与导轨相贴并夹紧导轨。滚柱式安全钳如图 3-14 所示。为了使两根导轨上的滚柱同时动作，两边连杆同用一根公用轴。一旦滚柱与导轨相贴并夹紧导轨，就与安全钳操纵机构无关。

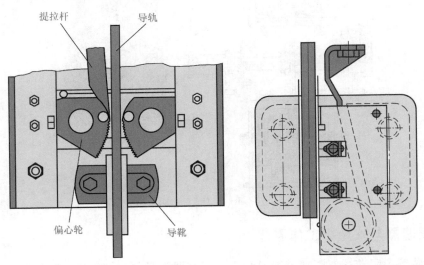

图 3-13 偏心块式安全钳   图 3-14 滚柱式安全钳

5. 渐进式安全钳

渐进式安全钳的钳座用钢板焊接制成，是具有弹性夹持作用力的组合件，因此又称为弹性安全钳。安全钳动作时，轿厢有一定的制停距离，这样轿厢的制停减速度小。渐进式安全钳动作时，规定轿厢在制停过程中的平均速度应为 0.2～1.0m/s。所以渐进式安全钳规定使用条件：适用于额定速度大于 0.63m/s 的电梯。

常用的结构形式如下：双楔块渐进式安全钳（见图 3-15）和双向安全钳（见图 3-16）。

双向安全钳适用于任何速度的电梯，与双向限速器配套使用，能在电梯上下行超速时，迫使轿厢停止。

图 3-15　双楔块渐进式安全钳

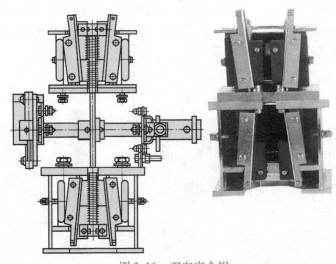

图 3-16　双向安全钳

三、限速器与安全钳工作原理

限速器装置由限速器、限速器绳及绳头、限速器张紧装置等组成。限速器一般安装在机房，限速器绳绕过限速器绳轮后，穿过机房地板上开设的限速器绳孔，竖直穿过井道，一直延伸到底坑中的限速器张紧轮并形成回路，限速器绳头处连接到位于轿厢顶的连杆系统，并通过一系列的安全钳操纵拉杆与安全钳相连。电梯正常运行时，轿厢与限速器以相同速度升降。当电梯超速并达到限速器设定值时，限速器中的夹绳装置动作，将限速器绳夹住，使其不能移动，但由于轿厢仍在运动，于是两者出现相对运动，限速器绳通过安全钳操纵拉杆拉动安全钳制动元件，安全钳制动元件紧密地夹持住导轨，利用其间产生的摩擦力将轿厢制停在导轨上，如图 3-17 所示。

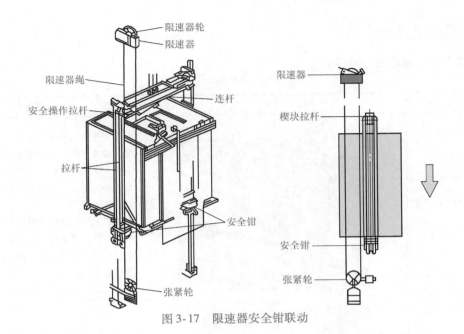

图 3-17　限速器安全钳联动

四、安全钳的复位

只有将被制停在导轨上的轿厢（或对重）向上提起时，才能使轿厢（或对重）上的安全钳释放并自动复位。限速器与安全钳连杆系统如图 3-18 所示，安全钳拉杆如图 3-19 所示。

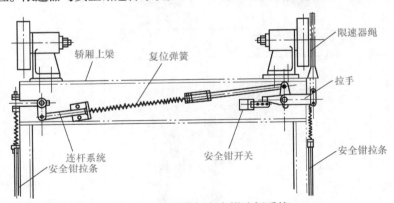

图 3-18　限速器与安全钳连杆系统

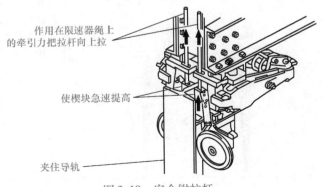

图 3-19　安全钳拉杆

【工程施工】

安全钳安装流程见表3-3。

表3-3　安全钳安装流程

序号	步骤名称	图例	安装说明
1	安装安全钳		把安全钳的楔块分别放入轿厢架下梁两端或对重架上的安全钳座内,装上安全钳的垂直拉杆,使拉杆的下端与楔块连接,上端与上梁的安全钳传动机构连接 调节上梁横拉杆的弹簧,固定主动杠杆位置,使主动杠杆与垂直拉杆座成水平,并使两边楔块和拉杆的提拉高度对称一致
2	检查安全钳	固定安全钳 用木楔把安全钳嘴与导轨端面塞紧	通过调整各楔块的拉杆上端螺母来调整楔块工作面与导轨侧面间的间隙。用木楔将安全钳嘴与导轨端面塞紧
3	安装安全钳拨架结构		准备安全钳的拨架结构并检查有没有质量问题。通过调整上梁横拉杆的压簧张力,以满足瞬时式安全钳装置提拉力的要求,同时应在安全钳各动作环节加油润滑,反复动作,使其灵活

（续）

序号	步骤名称	图例	安装说明
4	安装安全钳拉杆		4 根垂直拉杆，每侧 2 根。在上梁上装上非自动复位的安全钳急停开关，并调整其位置，使之在安全钳动作瞬间能切断电气控制回路
5	安装安全钳拨架拉杆		安装安全钳的拨架拉杆

【工程验收】

安全钳固定完成后，可根据表 3-4 的要求进行验收。

表 3-4　安全钳安装验收

序号	验收要求	图例
1	安全钳楔块面与导轨侧面间隙应为 2～3mm，各间隙相互差值不大于 0.5mm。单楔块式间隙为 0.5mm	

（续）

序号	验收要求	图例
2	安全钳钳口与导轨面间隙不小于3mm，间隙差值不大于0.5mm	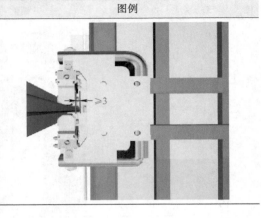
3	瞬时式安全钳装置在绳头处的动作提拉力应为150～300N，渐进式安全钳装置动作应灵活可靠	
4	安全钳楔块动作应同步，当安全钳动作后，只有将轿厢或对重提起，才能使安全钳释放。释放后的安全钳即处于正常操纵状态	

【维护保养】

安全钳的维护保养要求见表3-5。

表3-5　安全钳的维护保养要求

序号	维保要求	图例
1	检查安全钳钳口应清洁、无杂物，钳块动作应灵活、无卡阻现象	
2	联动装置各转动部位应加少量机油，确保动作灵活、无卡阻现象	

（续）

序号	维保要求	图例
3	检查钳块与导轨正面间隙应大于3mm，与导轨两侧面间隙为2~3mm，如有超标应立即调整	

【情境解析】

情境：安全钳动作后，轿厢地板的倾斜度达到10%。

解析：根据规定，轿厢空载或者载荷均匀分布的情况下，安全钳动作后轿厢地板的倾斜度不应大于其正常位置的5%。所以对于超标的情况，应仔细检查轿厢和安全钳的相互配合情况，需要时进行修正。

【特种设备作业人员考核要求】

【对接国标】

【知识梳理】

任务三　导靴的安装与维保

【任务描述】

某电梯安装工地，轿厢已组装完成且质量合格，根据工程进度需要进行导靴安装，通过完成此任务，可以掌握导靴的结构和作用、安装流程、注意事项等。轿厢导靴的安装位置如图3-20所示。对重导靴的安装位置如图3-21所示。

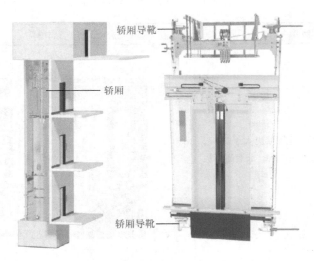

图 3-20　轿厢导靴的安装位置

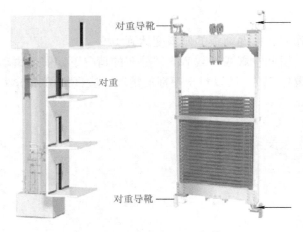

图 3-21　对重导靴的安装位置

【知识铺垫】

　　导靴是引导轿厢和对重服从于导轨的部件。轿厢导靴安装在轿厢上梁上面和轿底安全钳座下面，共4个。对重导靴安装在对重架上部和底部，共4个。

　　滑动导靴设置在轿厢架和对重（平衡重）装置上，其靴衬在导轨上滑动，是轿厢和对重（平衡重）装置沿导轨运行的导向装置，如图3-22所示，靴衬是滑动导靴中的滑动摩擦零件。滚动导靴设置在轿厢架和对重装置上，其滚轮在导轨上滚动，是轿厢和对重装置沿导轨运行的导向装置，如图3-23所示。

　　电梯导轨与导靴之间的高耐磨的塑料块称为电梯靴衬，简称靴衬，如图3-24所示。它固定在导靴中，从而减轻电梯与导靴的摩擦，起到高耐磨和稳定电梯的作用。靴衬的制作要求非常高，原料的选用也是非常严格的，选用的都是高分子高耐磨性复合型塑料。颜色各异，一般分为白色、红色、黑色等，白色半透明乃是上乘塑料，其耐磨性强于其他颜色塑料，红色及黑色塑料中可掺杂回收塑料以降低成本。检查更换靴衬时尽量选择白色半透明靴衬。增强型靴衬是高耐磨尼龙材质，主要用于滚动导靴高速电梯使用。普通型靴衬是高耐磨聚氨酯材质，主要用于滑动导靴低速电梯使用。

图 3-22　滑动导靴

图 3-23　滚动导靴

一、固定滑动导靴

导靴按其在导轨工作面上的运动方式，分为滑动导靴和滚动导靴两种。滑动导靴按其靴头的轴向是固定的还是浮动的，又可分为固定滑动导靴（见图3-25）和弹性滑动导靴。

图 3-24　靴衬

靴衬在导靴滑动过程中可以减小摩擦阻力，起降低噪声和减振的作用，其结构可分为单体式和复合式两种。单体式靴衬整体由一种材料制成，常用材料为石墨尼龙。复合式靴衬由强度较高的轻质材料制成，工作面覆盖一层耐磨材料。

二、弹性滑动导靴

弹性滑动导靴由靴座、靴头、靴衬、靴轴、压缩弹簧或橡胶弹簧、调节套或调节螺母组成。

弹簧式弹性滑动导靴的靴头只能在弹簧的压缩方向上作轴向浮动，因此又称单向弹性导靴；橡胶弹簧式弹性滑动导靴的靴头除了能作轴向浮动外，在其他方向上也能作适量的位置调整，因此具有一定的方向性。这种导靴适用速度一般为 1.6m/s，弹性滑动导靴如图 3-26 所示。

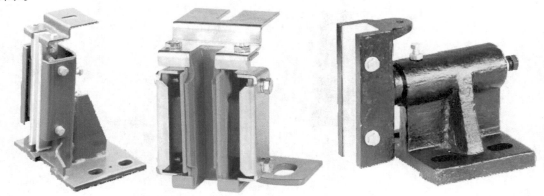

图 3-25　固定滑动导靴　　　　　　　　图 3-26　弹性滑动导靴

三、滚动导靴

滚动导靴以 3 个滚轮代替滑动导靴的 3 个工作面。3 个滚轮在弹簧力的作用下，压贴在导轨 3 个工作面上，电梯运行时，滚轮在导轨面上滚动。滚动导靴如图 3-27 所示。

滚动导靴的滚轮常用硬质橡胶制成。为了提高与导轨的摩擦力，在轮圈上制作了花纹。滚轮对导轨的压力大小通过调节弹簧的被压缩量加以调节。

弹性滑动导靴在电梯运行时，在导轨间距的变化及偏重力的变化下，其靴头始终作轴向浮动，因此导靴在结构上必须与 b 值（b 为与导轨侧工作面之间间隙）相配合，对于国产电梯，其值的选取应符合表 3-6 的要求。a、c 为靴头与靴衬的两侧游动间隙，如图 3-28 所示。

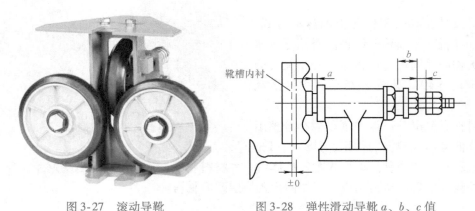

图 3-27　滚动导靴　　　　　图 3-28　弹性滑动导靴 a、b、c 值

对于固定滑动导靴的靴头是固定死的，因此靴衬底部与导轨端部要留有间隙，以容纳导轨间距偏差，间隙不应大于 1mm，通常为 0.5～1mm。

弹性滑动导靴的 b 与 a、c 值见表3-6。

表3-6　弹性滑动导靴的 b 与 a、c 值

电梯额定载重/kg	500	750	1000	1500	2000～3000	5000
b/mm	42	34	30	25	25	20
a、c/mm	2	2	2	2	2	2

【工程施工】

导靴安装流程见表3-7。

表3-7　导靴安装流程

序号	步骤名称	图例	安装说明
1	组装靴座		把靴座的桶和靴轴套在一起，并用螺母紧固
2	准备油杯		检查油杯有无质量问题
3	安装油杯		将油杯安装在靴头上

（续）

序号	步骤名称	图例	安装说明
4	安装导靴		把导靴安装在轿厢横梁上部两侧，并卡住导轨。轿厢上部有左右两个导靴，下部有左右两个导靴

【工程验收】

导靴安装完成后，即可按照表3-8的要求进行验收。

表3-8　导靴安装验收

序号	验收要求	图例
1	安装导靴要求上、下导靴中心与安全钳中心线在同一条垂线上，不能有歪斜、偏扭现象	
2	导靴内衬与导轨两侧工作面间隙各为0.5~1mm。固定式导靴要调整其间隙一致，内衬与导轨两工作侧面间隙要按厂家说明书规定的尺寸调整，与导轨顶面间隙偏差控制在0.3mm以内	

（续）

序号	验收要求	图例
3	滚轮导靴安装平正，两侧滚轮对导轨的初压力应相同，压缩尺寸按制造厂规定调整，若厂家无明确规定，则根据使用情况调整各滚轮的限位螺栓，使侧面方向两滚轮的水平移动量为1mm，顶面滚轮水平移动量为2mm。允许导轨顶面与滚轮外圆间保持间隙值不大于1mm，并使各滚轮轮缘与导轨工作面保持相互平行无歪斜	
4	对重导靴安装后，应用旧布等物体进行保护，以免尘渣进入靴衬中，影响其使用寿命。刚性导靴结构能保证电梯正常运行，且轿厢两导轨顶面与两导靴内表面间隙之和为（2.5±1.5）mm。弹性结构能保证电梯正常运行，且导轨顶面和导靴滑块面无间隙，导轨弹簧的伸缩范围不大于4mm	
5	施工时应在井道中架设防护网，以防物体坠落，砸坏导靴和施工人员	

【维护保养】

导靴的维护保养要求见表3-9。

表3-9　导靴的维护保养

序号	维保要点	图例
1	固定导靴与导轨顶面间隙应保持在1～4mm，如超范围应及时调整	
2	如靴衬磨损过大无法达到以上标准要求，应及时更换	

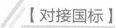

【情境解析】

情境：长时间把轿厢吊起。

解析：在安装导轨过程中，如需将轿厢整体吊起后用倒链悬空或停滞时间较长，这是很不安全的。

正确的做法是用两根钢丝绳做保险用，这种钢丝绳应有绳头，使用时配以卸扣，使轿厢重量完全由两根保险钢丝绳承载，这时应松去倒链的链条，使倒链处于完全不承担载荷的状态。当使用橡胶滚轮导靴时，严禁用汽油或柴油直接擦拭滚轮表面，也应尽量避免用汽油或柴油清洗导轨。

【特种设备作业人员考核要求】

【对接国标】

【知识梳理】

任务四　轿底、超载称重装置的安装与维保

【任务描述】

调整电梯的轻载、满载和超载开关，让轻载开关在轿厢载荷≤10%额定载荷时起作用，满载开关在轿厢载荷达到80%额定载荷时起作用，超载开关在轿厢载荷≥110%额定载荷时起作用。通过完成本任务，学会调整这三个开关的步骤、方法、注意事项和验收要求。轻载、满载和超载开关如图3-29所示。

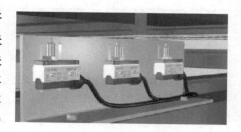

图 3-29　轻载、满载和超载开关

【知识铺垫】

轿底在轿厢底部，如图3-30所示，是支撑载荷的组件，包括地板、框架等构件。轿底用6~10号槽钢和角钢按设计要求的尺寸焊接成框架，然后在框架上铺设一层钢板或木板而成。一般货梯在框架上铺设的钢板多为花纹钢板；普通客、医梯在框架上铺设的多为普通平面无纹钢板，并在钢板上黏贴一层塑料地板；高级客梯则在框架上铺设一层木板，然后在木板上铺放一块地毯。装修后的轿底如图3-31所示。

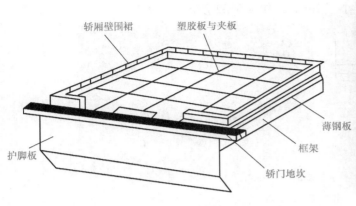

图 3-30 轿底

图 3-31 装修后的轿底

对应轿厢入口的轿底一侧有轿门地坎及护脚板。护脚板宽度应等于相应层站入口的整个净宽度；其垂直部分的高度不应小于750mm；垂直部分以下应成斜面向下延伸；斜面与水平面的夹角应大于60°，通常选择75°；斜面在水平面上的投影深度不得小于20mm，一般取50mm。

一、轿底的安装方法

把轿底放置在下梁上，在下梁与轿底之间放入薄垫片来调整其水平度，然后用螺栓连接轿底和下梁。

在立柱与轿底之间装上4根斜拉条，并紧固。

轿厢底平面的水平度不应超过2/1000，并且纵向水平度应是向层门方向低，对侧高。

如在轿厢架上要装限位开关碰铁的，应在装配轿壁之间将碰铁安装好，碰铁的垂直度不应超过1/1000，最大偏差不大于3mm。

轿底承重的装置应和轿底同时进行安装。

二、安装限位开关撞弓

1）安装前对撞弓进行检查，若有扭曲、弯曲现象要调整。

2）撞弓安装要牢固，要采用加弹簧垫圈的螺栓固定。要求撞弓垂直，偏差不应大于1/1000，最大偏差不大于3mm（撞弓的斜面除外）。

三、安装、调整超载满载开关

1）对超载、满载开关进行检查，其动作应灵活，功能可靠，安装要牢固。

2）调整满载开关，应在轿厢额定载重量时可靠动作。调整高速超载开关，应在轿厢的额定载重量110%时可靠动作。

四、安装护脚板

1）轿厢地坎均需装设护脚板。护脚板为1.5mm厚的钢板，其宽度等于相应层站入口净宽，该板垂直部分的高度不小于750mm，并向下延伸一个斜面，与水平面夹角应大于60°，该斜面在水平面上的投影深度不得小于20mm，如图3-32所示。

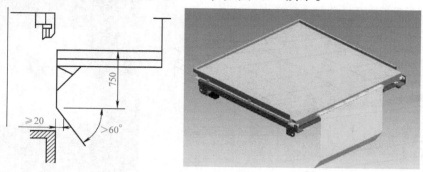

图3-32　安装护脚板

2）护脚板的安装应垂直、平整、光滑、牢固。必要时增加固定支撑，以保证电梯试运行时不颤抖，防止与其他部件摩擦撞击。

五、电梯超载称重装置

电梯超载称重装置能够称量轿厢内的重量，当超过额定载重量时，电梯不启动并发出蜂鸣提示音，警告后进入的乘客及时退出轿厢。

按设置位置可分为轿底超载称重式、轿顶超载称重式和机房超载称重式。

按结构形式可分为机械式、电磁式和传感器式。

1. 轿底超载称重装置

一般轿底是活动的，称为活动式轿厢。这种形式的超载装置，采用橡胶块作为称重件。橡胶块均匀分布在轿底框上，有6~8个，整个轿厢支撑在橡胶块上，橡胶块的压缩量能直接反映轿厢的重量。轿底超载称重装置安装示意图如图3-33所示。

在轿底框中间装有两个微动开关，一个在80%负重时起作用，切断电梯外呼载停电路；另一个在110%负重时起作用，切断电梯控制电路。碰触开关的螺钉直接装在轿底上，只要调节螺钉的高度，就可调节对超载量的控制范围。轿底称重装置实物如图3-34所示。

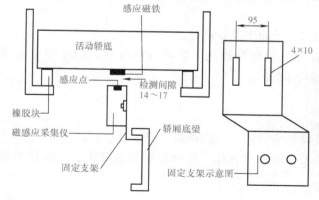

图3-33　轿底超载称重装置安装示意图

图3-34　轿底称重装置实物

2. 轿顶超载称重装置

1）机械式：如图3-35和图3-36所示是其常见结构，以压缩弹簧组作为称重元件。秤杆的头部铰支在轿厢上梁的秤座上，尾部浮支在弹簧座上。摆杆装在上梁上，尾部与上梁铰接。采用这种装置时，绳头板装在秤杆上，当轿厢负重变化时，秤杆就会上下摆动，牵动摆杆也上下摆动，当轿厢负重达到超载控制范围时，摆杆的上摆量使其头部碰压微动开关触头，切断电梯控制电路。

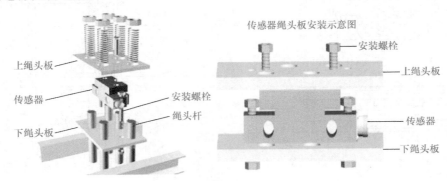

图 3-35　传感器安装在绳头板处

图 3-36　轿顶称重装置实物

2）橡胶块式：如图 3-37 所示，4 个橡胶块装在上梁下面，绳头板支撑在橡胶块上，轿厢负重时，微动开关就会分别与装在上梁下面的触头螺钉触动，达到控制超载的目的。

橡胶块式轿顶称重装置结构简单，灵敏度高，且橡胶块既是称重的敏感元件，又是减振元件，但它的缺点主要是橡胶易老化变形，当出现较大称重误差时，需要更换橡胶块。

3）负重传感器式：前面两种形式的装置只能设定一个或两个称重限值，不能给出载荷变化的连续信号。如图 3-38 和图 3-39 所示是一种将应变式负重传感器装于轿顶的称重装置；也可将传感器安装于机房，或安装于活络轿底下。

3. 机房超载称重装置（机械式）

当轿底和轿顶都不能安装超载装置时，可将其移至机房中。此时电梯的曳引绳绕法应采用 2∶1（曳引比为 1∶1）。其实物如图 3-40 所示。

由于安装在机房中，它具有调节维护方便的优点。

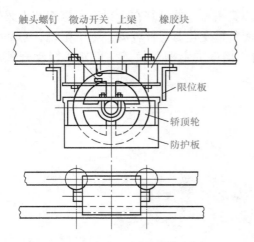

图 3-37 橡胶块式轿顶称重装置

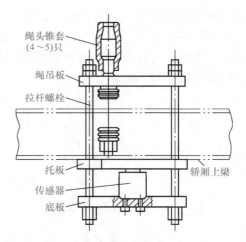

图 3-38 负重传感器式轿顶称重装置示意图

图 3-39 应变片传感器

图 3-40 机房超载称重装置实物

【工程施工】

轿底和称重装置的安装流程见表 3-10。

表 3-10 轿底和称重装置的安装流程

序号	步骤名称	图例	安装说明
1	安装轿底盘托架		把托架放置在轿底梁上，并用螺栓把托架和轿厢架的立柱紧固好

（续）

序号	步骤名称	图例	安装说明
2	安装轿厢斜拉杆		斜拉杆上端与轿厢架立柱固定，下端与同侧的轿底托架角钢固定
3	固定斜拉杆下端		固定要用双螺母，以保证牢固程度
4	固定4根斜拉杆		把轿厢架两侧的4根斜拉杆固定好
5	安装托架的6个缓冲垫螺栓		安装轿底托架的6个缓冲垫螺栓
6	缓冲垫就位		把缓冲垫放进托架里

（续）

序号	步骤名称	图例	安装说明
7	在轿底安装螺栓		在轿底的 4 个角安装螺栓
8	对接		把轿底和托架对接
9	轿底落下		把轿底与托架对接牢固，不要错位
10	安装轿厢地坎		把轿厢地坎安装在轿底上
11	组装称重装置		把轻载、满载和超载开关组装在角铁架上

（续）

序号	步骤名称	图例	安装说明
12	安装称重装置并接线		把组装好的称重装置固定在轿底
13	确认开关功能	轻载开关　满载开关　超载开关	确认 3 个开关的功能，分别是轻载、满载和超载
14	调整		根据 3 个开关的作用，调整它们与轿底的间隙

【工程验收】

轿底和超载开关安装完成后，即可按照表3-11 的要求进行验收。

表 3-11　轿底和超载开关安装验收

序号	验收要点	图例
1	轿厢地坎与各层地坎间水平距离偏差均严禁超过 3mm（在整个地坎长度范围内），且最大距离严禁超过 35mm	
2	各层门开门装置的滚轮与轿厢地坎的间隙均必须在 5～10mm 范围内	

（续）

序号	验收要点	图例
3	轿底盘平面的水平度应不超过2/1000	
4	轿厢底盘调整水平后、轿厢底盘与底盘座之间、底盘座与下梁之间的连接处要接触严密，若有缝隙要用垫片垫实，不可使斜拉杆过分受力	
5	吊轿厢用的吊索钢丝绳与绳卡的规格必须相互匹配，绳卡压板应装在钢丝绳受力的一边，对φ16mm以下的钢丝绳，所使用的绳卡应不少于3只，被夹绳的长度应大于钢丝绳直径的15倍，且最短长度不小于300mm。每个绳卡间的间距应大于钢丝绳直径的6倍，而且只准将两根相同规格的钢丝绳用绳卡扎住，严禁3根或不同规格的钢丝绳用绳卡扎在一起	
6	轿厢称重装置安装要牢固，动作灵活，功能可靠 检查超载开关应在电梯额定载重量110%时动作，满载开关应在电梯额定载重量时动作	传感器

【情境解析】

情境一：在安装轿厢过程中，如需将轿厢整体吊起后用倒链悬空或停滞时间较长，这是很不安全的。

解析：正确的做法是用两根钢丝绳做保险用，这种钢丝绳应有绳头，使用时配以卸扣，使轿厢重量完全由两根保险钢丝绳承载，这时应松去倒链的链条，使倒链处于完全不承担载荷的状态。

情境二：拆除支撑横梁的时间不对。

解析：在轿厢对重全部装好且钢丝绳安装完毕后，拆除上端所架设的支撑轿厢的横梁和对重的支撑前，一定要先将限速器、限速器绳、张紧装置、安全钳拉杆、安全钳开关等装接完成，才能拆除支撑横梁。

【特种设备作业人员考核要求】

【对接国标】

【知识梳理】

任务五　轿厢壁、轿顶的装配与维保

【任务描述】

某电梯安装工地，轿厢架和轿底均已安装完成且质量合格，根据工程进度，需要安装轿厢壁和轿顶，通过完成此任务，掌握轿厢壁、轿顶的结构和安装方法、注意事项等。轿厢壁和轿顶如图 3-41 所示。

图 3-41　轿厢壁和轿顶

【知识铺垫】

一、轿厢壁

轿厢壁与轿底、轿顶和轿厢门围成一个封闭空间的板型结构。轿厢壁多为用厚度为 1.2~1.5mm 的薄钢板制成的槽钢形式，壁板的两头分别焊一根角钢做堵头。轿厢壁间以及轿厢壁与轿顶、轿底间多采用螺钉紧固成一体。为了美观，有的在各轿厢壁板之间还装有铝镶条，有的还在轿厢壁板面上贴一层防火塑料板，并用 0.5mm 厚的不锈钢板包边，有的还在轿厢壁板上贴一层 0.3~0.5mm 厚、具有图案或花纹的不锈钢薄板等。

玻璃轿厢壁多见于观光梯，应用夹层玻璃。若距轿厢地板 1.1m 高度以下的部分也使用玻璃轿厢壁，则应在高度为 0.9~1.1m 之间设置一个扶手，该扶手必须独立地固定，与玻璃无关。

二、轿顶

轿顶在轿厢的上部，是具有一定强度要求的顶盖，如图 3-42 所示。轿顶的结构与轿厢壁相仿。轿顶装有照明灯，有的电梯还装有电风扇。除杂物电梯外，有的电梯轿顶还设置安全窗，在发生事故或故障时，便于司机或检修人员上轿顶检修井道内的设备，必要时乘用人员还可以通过安全窗撤离轿厢。

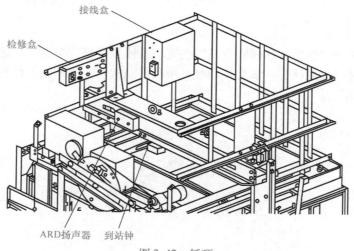

接线盒

检修盒

ARD扬声器　到站钟

图 3-42　轿顶

当轿顶外侧边缘至井道壁有水平方向超过 0.3m 的自由距离时，轿顶应设置护栏。护栏应装设在距轿顶边缘最大为 0.15m 的范围内。护栏的入口，应使人员能安全和容易地进入及撤出轿顶。护栏应由扶手、0.1m 高的护脚板、位于 1/2 扶手高度处的中间栏杆组成。当护栏扶手外侧边缘至井道壁的水平自由距离小于 0.85m 时，扶手高度应大于 0.7m；当自由距离大于 0.85m 时，扶手高度应大于 1.1m。扶手外侧边缘和井道中的任何部件之间的水平距离不应小于 0.1m。有关于俯伏或斜靠护栏危险的警告符号或须知，固定在护栏的适当位置上。轿顶护栏如图 3-43 所示。

为了减少电梯运行中的振动与噪声，提升舒适指标，改善搭乘感觉，在轿厢各构件的连接处需设置减振橡胶元件。组装好的轿厢如图 3-44 所示。

图 3-43　轿顶护栏

图 3-44　组装好的轿厢

三、安装要求

　　1）首先将组装好的轿顶（也可以待轿厢壁装好后再拼装）用手拉葫芦吊起悬挂在上梁下面临时固定。

　　2）装配轿厢壁，一般按后壁、侧壁、前壁的顺序，逐一用螺栓与轿顶、轿底固定。

　　3）如果轿底与轿厢壁之间装有通风垫、轿厢壁之间装有镶条以及有门口方管、门灯方管等，应同时装配。

　　4）对轿厢门处的前壁和操纵壁要用铅垂线进行校正，其垂直度应不大于 1/1000。

　　5）各轿厢壁之间的上下间隙应一致，拼装接口应平整，镶条要垂直。

　　6）轿顶与轿厢壁固定后，在立柱和轿顶之间安装缓冲垫。

　　7）安装时应注意轿厢壁的保护，使其无污染和损伤。

　　8）在轿顶上靠对重一侧应设防护栏，其高度一般不低于 1000mm。轿顶其余侧与井道壁间距大于 200mm 时也应设防护栏。防护栏应安装牢固。

　　9）为了便于在紧急情况下使用安全窗，目前有的吊顶上附加了安全窗开关，当安全窗开启时，应能切断控制电路，使电梯不能启动，以保证安全。

四、轿顶轮

　　安装在电梯轿顶的绳轮如图 3-45 所示。

　　轿顶轮通常固定设置在电梯轿厢上，如图 3-46 所示。

　　轿厢上端导靴上还安装有油杯，如图 3-47 所示，用来润滑导轨和导靴。

图 3-45　轿顶轮

图 3-46　轿顶上的轿顶轮

图 3-47　油杯

【工程施工】

轿厢壁和轿顶的安装工艺见表 3-12。

表 3-12　轿厢壁和轿顶的安装工艺

序号	步骤名称	图例	安装说明
1	安装左、右轿厢壁		把左侧和右侧的轿厢壁与轿底固定好。轿厢壁可逐扇安装，也可根据情况将几扇先拼装在一起后再安装

经验寄语：轿厢壁板表面在出厂时贴有保护膜，在装配前应清除其折弯部分的保护膜

（续）

序号	步骤名称	图例	安装说明
2	轿厢壁之间连接		轿厢壁和轿厢壁之间用螺栓固定连接

经验寄语：拼装轿厢壁可根据井道内轿厢四周的净空尺寸情况，预先在层门口将单块轿厢壁组装成几大块。首先安放轿厢壁与井道间隙最小的一侧，并用螺栓与轿厢底盘初步固定，再依次安装其他各侧轿厢壁。等轿厢壁全部安装完成后，紧固轿厢壁板间及轿底间的固定螺栓，同时，将各轿厢壁板间的嵌条和与轿顶接触的上平面整平

| 3 | 拐角处连接 | | 轿厢壁拐角处用螺栓连接固定 |

经验寄语：轿厢壁底座和轿厢底盘的连接及轿厢壁与底座之间的连接要紧密，各连接螺栓要加弹簧垫圈，以防因电梯振动而使连接螺栓松动

| 4 | 装轿厢壁 |  | 先装后壁，再装侧壁，最后装前壁。如果轿厢底部局部不平而使轿厢壁底座下有缝隙，要在缝隙处加调整垫片垫实 |

经验寄语：先将轿顶组装好，用绳索悬挂在轿厢架上梁下方，做临时固定。等轿厢壁全部安装好后再将轿顶放下，并按设计要求与轿厢壁定位固定

（续）

序号	步骤名称	图例	安装说明
5	装轿顶		把轿顶放在轿厢壁上面。轿厢壁安装后再安装轿顶，但是轿顶和轿厢壁穿好连接螺栓后不要紧固，要在调整轿厢壁垂直度偏差不大于1/1000的情况下逐个将螺栓紧固
6	固定轿顶		把轿顶的下沿和轿厢壁的上沿用螺栓固定在一起。安装完后要求接缝紧实，间隙一致，嵌条整齐，轿厢内壁应平整一致，各部位螺栓垫圈必须齐全，紧固牢靠
7	安装防振轮		在轿顶侧面安装防振轮
8	安装轿顶护栏		在轿顶安装防护栏，保护施工和维保人员的安全

【工程验收】

轿厢壁和轿顶安装完成后，可按照表3-13的要求进行验收。

表 3-13　轿厢壁和轿顶验收

序号	验收要点	图例
1	整个轿厢壁垂直度偏差不大于 1/1000	
2	轿厢组装牢固，轿厢壁结合处平整	

【维护保养】

轿顶和轿厢壁维护保养可以按照表 3-14 的要求进行。

表 3-14　轿顶和轿厢壁维护保养

序号	维保要点	图例
1	检查油杯油位应在 80% 左右，如油量不够，应加注适量机油	
2	检查油杯油芯表面应无杂质、无断芯	

（续）

序号	维保要点	图例
3	检查油杯安装位置应正确、无破损，固定螺栓不应有松动现象，如有异常应及时处理	

【情境解析】

情境：轿厢壁的连接处缺少一个螺栓。

解析：轿厢壁的拼装顺序是先拼后壁，再拼侧壁，最后拼前壁。轿厢壁的安装应符合规范，其铅垂度偏差不应大于 1/1000，平面度偏差应小于 1mm，除前后、左右尺寸外，还要特别注意轿厢壁与轿厢壁之间拼装时不能缺少一个固定螺栓，以减小电梯运行过程中轿厢壁与轿厢壁之间的声响。轿厢壁安装要求接缝紧密，间隙一致，夹角整齐，板面平整。用固定夹固定好轿厢和直梁。轿厢内长、宽、高三个尺寸在各个方向上应一致，待整个轿厢拼装完毕后，要求对各尺寸进行复查，并做好记录，以便查阅。如上梁带有轿顶轮，应使其与上梁间隙的各个尺寸偏差不大于 1mm，单个绳轮的铅垂度偏差不大于 0.5mm。轿厢的动平衡调整需做三次，按先下后上的顺序调整。轿厢内必须放 30% 的载荷，并在轿底均匀分布。而后拆掉上导靴，观察导靴座虎口与导轨距离的偏差，包括前、后、左、右 4 个方位的间隙，判断轿厢的中心偏移及需要哪一侧增加或减少重量后，轿厢才能处于自由状态，或改变轿顶、轿厢中间钢丝绳的拉力，以达到平衡。

【特种设备作业人员考核要求】

【对接国标】

【知识梳理】

任务六　　轿门与自动门机构的安装与维保

【任务描述】

某电梯安装工地，轿厢架、轿厢壁、轿底均已安装完毕且质量合格，根据工程进度要求，需要安装轿门与自动门机构，通过完成此任务，掌握轿门与自动门机构的结构组成、安装方法、注意事项等。轿门和自动门机构如图 3-48 所示。

【知识铺垫】

电梯的门由门扇、门滑轮、门导轨、门地坎、门滑块等部件所组成。在门的上部装有门滑轮，门通过滑轮悬挂在门导轨上；门的下部则装有门滑块，滑块嵌入地坎槽中，运行时靴衬沿着槽的两侧滑动，配合着门滑轮起导向和限位的作用，并使门扇在正常外力作用下不至于倒向井道。简单的轿门结构如图 3-49 所示。

图 3-48　轿门和自动门机构

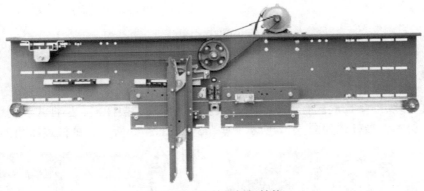

图 3-49　简单的轿门结构

一、轿门

轿门在轿厢靠近层门的侧面，是供司机、乘用人员和货物出入的门。

轿门按结构形式分为封闭式轿门和网孔式轿门两种；按开门方向分为左开门、右开门和中开门 3 种。

货梯有采用向上开启的垂直滑动门，这种门可以是网状的或带孔的板状结构形式。网状孔或板孔的尺寸在水平方向不得大于 10mm，垂直方向不得大于 60mm。医用和客用的轿门均采用封闭式轿门。

轿门可以用钢板制作，也可以用夹层玻璃制作，玻璃门扇的固定方式应能承受 GB/T

7588—2020 规定的作用力，且不损伤玻璃的固定件。

自动开门机一般由门电动机、减速机构和开门机构组成，具有多种多样的形式。按门的分类，有中分式自动开门机和双折式自动开门机等。

驱动门的电动机通常为直流电动机或交流电动机。

传动方式分为齿轮传动、链条传动、蜗杆传动和带传动。

二、轿门滑块

轿门滑块设置在轿门上，是轿门沿导轨运动的滑动块，如图3-50所示，用来防止轿门门扇脱离导轨运动。轿门滑块固定位置及伸入地坎深度合适、无卡阻，严重磨损时更换门滑块。

图 3-50　轿门滑块

三、牵引轿门移动的结构形式

牵引轿门移动的结构形式有齿排式、链条式、螺杆式、摆杆式、摇杆式和楔带式。摇杆式如图3-51所示，摆杆式如图3-52所示，楔带式如图3-53所示，螺杆式如图3-54所示。

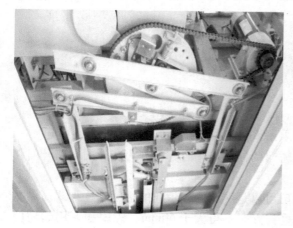

图 3-51　摇杆式

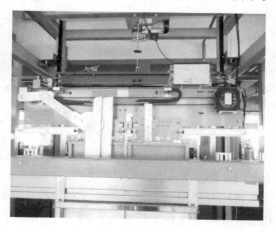

图 3-52　摆杆式

图 3-53 楔带式

图 3-54 螺杆式

四、开关门机构的关闭保持

为了使电梯投入运行后轿门关闭力达到 >50N 的安全值，不同形式的开关门机构采取了不同的办法，如锤块重力限制式、门轨终端斜坡阻尼式、锁钩锁闩互相啮合式、电磁元件吸引摩擦式、曲柄摆杆铰点平衡式。

五、门刀

安装在轿门上的门刀分为单式门刀和复式门刀。单式门刀如图 3-55 所示，复式门刀如图 3-56 所示。

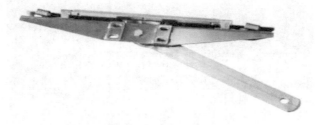

图 3-55 单式门刀

轿厢平层停站后，安装在轿门上的门刀把装于层门上的门锁滚轮夹在中间，并与此两滚轮保持一定间隙。当收到电控柜的开门信号时，门电动机驱动门机开门，当门刀夹住门锁滚

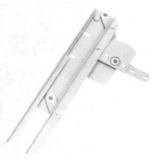

图 3-56　复式门刀

轮移动距离超过开锁行程时，锁壁与锁钩脱离啮合，此时开锁完成，并由轿门门刀带动层门门锁滚轮继续走完整个开门过程。

六、门电动机

门电动机是驱动轿门和（或）层门开启或关闭的装置，如图 3-57 所示。

图 3-57　门电动机

变频门电动机的机械系统分为两大部分：轿门侧机械部分和厅门侧机械部分，轿门和厅门通过一种称为"系合装置"的机械部件连接在一起，电动机拖动轿门运动，轿门通过"系合装置"带动厅门一起运动。厅门侧机械部分除没有电动机及其减速机构外，其余和轿门侧机械部分相似，如图 3-58 所示。

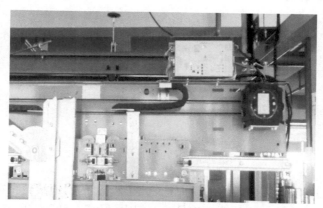

图 3-58　变频门电动机系统

　　电梯的开关门系统直接影响电梯运行的可靠性，同时开关门系统也是电梯故障高发区。目前常用的开关门机构有直流调压调速驱动及连杆传动、交流调频调速驱动及同步齿形带传动、永磁同步电动机驱动及同步齿形带传动。

　　门滑轮多数采用滚动轴承，滑轮外缘形状与导轨相配。为了减少运行噪声，滑轮外缘一般需要包覆工程塑料或其他非金属材质。门滑轮和门导轨系统自身应有足够的导向和约束，防止门扇脱落或者倾翻，减小门与传动装置的摩擦。一般每扇门设置两个滑轮，如图3-59所示。

图 3-59　门滑轮

【工程施工】

　　轿门和自动门机构的安装流程见表3-15。

表 3-15　轿门和自动门机构安装流程

序号	步骤名称	图例	安装说明
1	组装完成		安装完成的自动门机构
2	固定自动门机构		把组装好的自动门机构固定在轿顶前沿
3	安装门机斜拉杆		安装门机构的斜拉杆，防止门机板倾倒

（续）

序号	步骤名称	图例	安装说明
4	安装轿门滑块	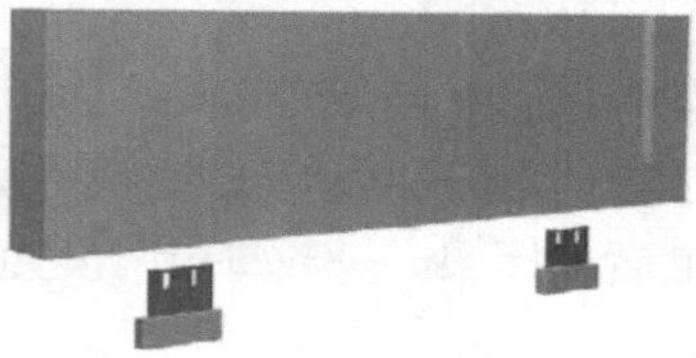	把轿门滑块固定在轿门底部
5	固定轿门	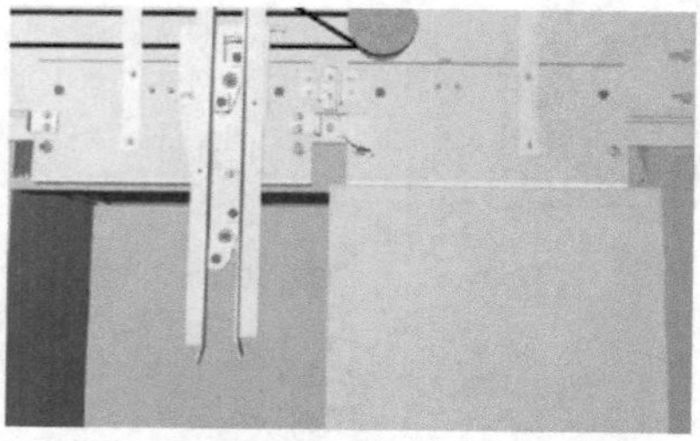	把轿门底部的滑块插入轿门地坎的槽中，轿门上沿与门挂板对接
6	调整轿门	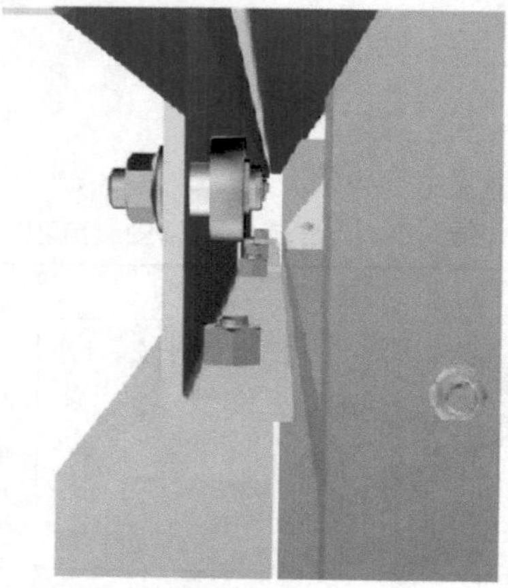	通过在轿门与门挂板的螺栓处加减垫片来调整轿门滑块与地坎槽之间的缝隙，直到达到要求

【工程验收】

轿门及自动门机构安装完成后，可参考表 3-16 的要求进行验收。

表 3-16　轿门及自动门机构安装验收

序号	验收要点	图例
1	门扇平整、洁净、无损伤，启闭轻快、平稳。中分式门关闭时上、下部同时合拢，门缝一致	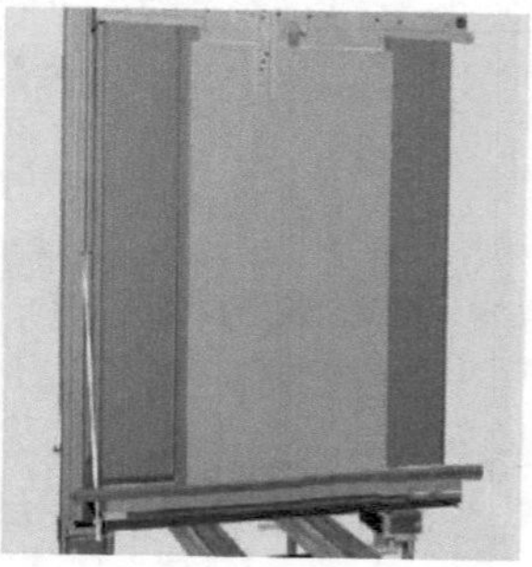

（续）

序号	验收要点	图例
2	轿门关闭后，门扇之间及门扇与立柱、门楣和地坎之间的间隙应尽可能小。对于乘客电梯，此运动间隙不得大于6mm。对于载货电梯，此间隙不得大于8mm。由于磨损，间隙值允许达到10mm。如果有凹进部分，上述间隙应从凹底处测量	
3	开门刀与各层厅门地坎以及各层门开关装置的滚轮与轿厢地坎间的间隙均必须在5～10mm范围内	
4	轿门门扇的不垂直度偏差不大于2mm	
5	自动门机构安装牢固、结合处平整，各零部件运动灵活、可靠	
6	动力驱动的自动门阻止关门力不应大于150N，这个力的测量不得在关门行程开始的1/3之内进行	

【维护保养】

轿门及自动门机构的维护保养要点可参考表3-17。

表 3-17 轿门及自动门机构的维护保养

序号	保养要点	图例
1	检查开关门起动、减速应平稳无卡阻，速度适中；检查开关门到位，应无碰撞声，如有异常应及时处理	
2	检查门电动机传动链、带应不松弛和过度磨损，如有异常应及时处理	
3	门刀、杠杆各传动部位应用油布擦净后加少量机油，应无刮痕，确保动作灵活	
4	检查门系统各接线端子，确保标志和编号清晰、接线紧固、无氧化及腐蚀现象	

（续）

序号	保养要点	图例
5	检查门刀与层门地坎间隙应为5～10mm，如有超标应立即调整	
6	检查门刀与层门锁滚轮啮合量应≥8mm，如不符合要求应立即调整	
7	检查轿门上坎、滑轮应无杂质、无严重磨损现象；检查偏心轮应运转灵活，无异常	
8	必要时用油布涂抹并擦净各部位，如有异常应及时处理	

（续）

序号	保养要点	图例
9	检查轿门滑块固定位置及伸入地坎深度合适、无卡阻，严重磨损时应更换门滑块	

【情境解析】

情境一：开关门机构运行噪声大。

解析：因为许多门机构的自动门机、门导轨、活动臂、门挂板等在出厂前已装成一个整体，所以安装这类门机构时，在装上支撑件和开门机构后，首先要求确定门导轨的高度，同时保证它的水平度；其次是调整机架，使门导轨正面与轿厢地坎槽内侧垂直（也就是从门导轨两端吊垂线至轿厢地坎槽内侧）；第三，调整好门机本身的垂直度。检查方法就是线垂吊带轮，或线垂吊门机架与门导轨两端接板使之垂直，调整好后拧紧连接螺栓。

情境二：门刀安装不符合要求。

解析：第一步确保门刀与厅门地坎之间距离，以7mm为佳，并且保证在这一方向垂直；第二步确定门刀的固定刀片与厅门门锁的脱钩滚轮之间的距离在7mm左右；第三步确保门刀固定刀片的两个面即推滚轮的一面必须垂直；第四步检查轿门在带动厅门时，可动刀片不应有异常声响。

【特种设备作业人员考核要求】

【对接国标】

【知识梳理】

任务七 轿门安全保护装置的安装与维保

【任务描述】

某电梯安装工地，电梯轿门已安装完毕，根据工程进度要求，需要安装轿门安全保护装置。通过完成此任务，可以掌握轿门安全保护装置的类型特点、安装方法和注意事项。轿门安全保护装置如图 3-60 所示。

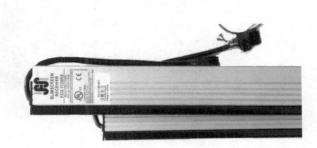

图 3-60 轿门安全保护装置

【知识铺垫】

关门保护是在关门过程中，通过安装在轿厢门口的光信号或机械保护装置，当探测到有人或物体在此区域时，立即重新开门。大多数电梯的轿门背面除做消声处理外，还装有"防撞击人"的装置，这种装置在关门过程中，能防止动力驱动的自动门门扇撞击乘梯人员。当轿厢出入口有乘客或障碍物时，通过电子元件或其他元件发出信号，停止关闭轿门或关门过程中立即退回开启位置。

常用的防撞击人装置有安全触板式、光电式、红外线光幕式等多种形式。

一、安全触板

安全触板是在轿门关闭过程中，当有乘客或障碍触及时，使轿门重新打开的机械式轿门保护装置，如图 3-61 所示。

安全触板由触板、控制杆和微动开关组成。触板宽度为 35mm，最大推动行程为 30mm。一般装在轿门的边缘，当开关门机正在关门时，如果门的边缘碰触乘客或物件，装在安全挂板上的微动开关立即动作，切断关门电路，使门停止关闭；同时接通开门电路，门重新被打开。安全触板属于电梯轿门上的一个软门，当电梯轿厢在关门过程中接触（或非接触性（光幕）感应）到物体时，连接在软门的一个开关量会给控制柜一个开门信号，电梯开门，从而起到不伤人不伤物的作用。

二、双触板与光电保护

采用光电传感器，在门的左右两侧分别安装一个发光器和接收器，发出不可见光束，当乘客进入光束范围时，虽然不触及门，但是接收器会因此发出信号使门反向运行打开。

图 3-61　安全触板

三、电磁感应

借助电磁感应原理，在门区内组成两组电磁场，任意一组电磁场的变化，都会作为不平衡状态出现。如果两组磁场不相同，表明门区有障碍物，探测器断开关门电路，如图3-62所示。

四、超声波式

运用超声波传感器在轿门口产生一个 50cm×80cm 检测范围，只要在此范围内有人通过，由于声波受到阻尼，就会发出信号使门打开，如果乘客站在检测区内超过 20s，其功能自动解除，门关闭时切除其功能。超声波监控装置如图 3-63 所示。

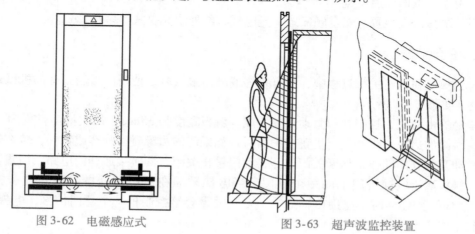

图 3-62　电磁感应式　　　　　　　图 3-63　超声波监控装置

五、触板与光幕

将光电控制电路置于安全触板内，安装在轿门两侧使其同时具有光电控制和机械控制双重保护，在光电控制方面，当 1~8 束光受阻超出预设的时间（或 1~4 只光电管受损），微处理器就会自动重新组织完好的光电管继续进行工作，并触发报警信号；如果 10 束以上光长时间受阻，或 5 只以上光电管受阻，光电控制电器就退出工作，机械控制开关继续有效，电梯仍能正常使用。

　　光幕是由单片计算机（CPU）等构成非接触式安全保护，安装在轿门两侧，红外线光幕如图 3-64 所示。用红外发光体发射一束红外光束，通过电梯门进出口的空间，到达红外接收体后产生一个接收的电信号，表示电梯门中间没有障碍物，这样从上到下周而复始进行扫描，在电梯门进入口形成一幅"光幕"。光幕通常由发射器、接收器、电源及电缆组成，其原理如图 3-65 所示。

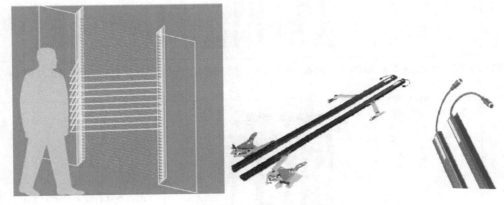

图 3-64　红外线光幕示意图

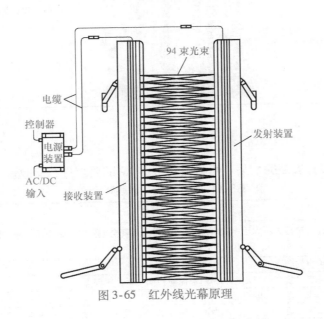

图 3-65　红外线光幕原理

【工程施工】

轿门安全保护装置的安装过程见表 3-18。

表3-18 轿门安全保护装置的安装过程

序号	步骤名称	图例	安装说明
1	安装安全触板		把安全触板装在轿门前沿，能使正在关闭的轿门碰到障碍物时，不仅停止关门，并能反向迅速开启
	经验寄语：安全触板或光幕安装后要进行调整，使之垂直。轿门全部打开后安全触板端面和轿门端面应在同一垂直平面上		
2	安装红外线光幕		把光幕硬件安装在轿门前沿，当有人、物通过轿门时，光幕能够接收到信号，停止关门并反向开门

【工程验收】

轿门安全保护装置安装完成后，可以参考表3-19的要求进行验收。

表3-19 轿门安全保护装置验收

序号	验收要点
1	安全触板动作的碰撞力不大于5N，有乘客或障碍触及安全触板时，微动开关应立即动作，使电动机反转，门即打开
2	安全触板应垂直安装
3	轿门全部打开后，安全触板端面和轿门端面应在同一垂直平面上
4	安全触板动作应灵活，功能可靠
5	在关门行程1/3之后，阻止关门的力不应超过150N。光幕应检查其工作表面是否清洁，功能是否可靠

【维护保养】

轿门安全保护装置的维护保养要点见表3-20。

表 3-20 轿门保护装置的维护保养

序号	维保要点	图例
1	安全触板或光幕功能正常，安全触板的动作应灵活可靠，功能可靠，其碰撞力不大于 5N 在关门行程 1/3 之后，阻止关门的力不应超过 150N。光幕应检查其工作表面是否清洁，功能是否可靠	
2	光幕表面无尘、无油渍，必要时用软布清洁光幕	
3	电缆、接插件、开关接头固定可靠，无松动现象，如有异常立即处理	

【情境解析】

情境：安全触板安装不合格。

解析：安装安全触板，首先要确认触板的接触面与轿门侧面是平的；其次安全触板活动自如且没有异常声响；最后伸出时触板突出量以 30～50mm 为宜，用时两块触板伸出量相同。在厅门开到位时，安全触板应与厅门平齐，否则无法保证厅门口的出入口宽度；安全触板在厅门从开始关闭至闭合前 16～18mm 的过程中必须保证工作有效，否则存在夹伤手的不安全隐患。安全触板在自重的作用下，凸出门扇 25 ~ 30mm，关闭时一旦碰到人或障碍时，轿门电动机迅速反转，轿门重新打开，且触板动作的碰撞力不大于 5N。

【特种设备作业人员考核要求】

【对接国标】

【知识梳理】

任务八　轿厢电气系统的安装与维保

【任务描述】

某大厦有某品牌高速电梯 1 部，33 层 33 站。梯型为 AC – VVVF，梯速为 2.5m/s，载重 1150kg（15 人），轿厢宽度为 1950mm、深度为 1400mm、高度为 2300mm。现需要完成轿厢电气设备及线路的安装敷设。轿厢电气设备布置图如图 3-66 所示。

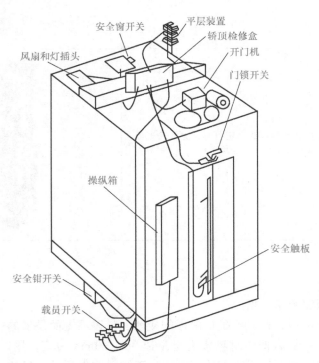

图 3-66　轿厢电气设备布置图

【知识铺垫】

一、轿顶检修盒

轿顶检修盒分为固定式和移动式两种，供电梯检修人员在轿顶做短时操纵电梯慢速运行之用，其中固定式检修盒常安装在轿厢架上梁便于操纵的位置。移动式操纵箱在停止使用时应放入一特殊的安全箱体内，以免损坏。此外轿顶应配有照明和电源插座，其位置应使用方便，通常与固定式检修盒组合在一起，固定式检修盒如图3-67所示。

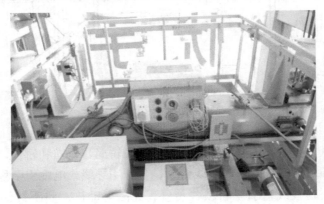

图3-67　固定式检修盒

二、安全开关

轿顶活板门（安全窗）上装有安全联锁开关，当电梯发生故障，打开活板门将乘客营救出去时，联锁开关即将电梯控制回路切断，使轿厢不能再开动。此开关装在活板门四边任意一侧，当活板门开启大于50mm时此开关就自动切断控制回路。

轿厢架上横梁腹板上还装有安全钳开关，如图3-68所示。在电梯下降速度超过限速器动作速度时，限速器动作切断电梯控制回路，使曳引机失电而停车，这是一种非自动复位开关。当限速器动作后需恢复正常运行时，应先将此开关复位。此开关应安装牢固、动作可靠。

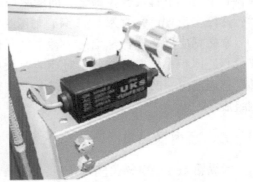

图3-68　安全钳开关

三、轿顶接线盒

轿顶接线盒是连接轿厢电气设备与井道随行电缆的电气接线箱，如图3-69所示。轿顶接线盒、线槽、线管等要按厂家安装图安装，若无安装图则根据便于安装和维修的原则进行布置。

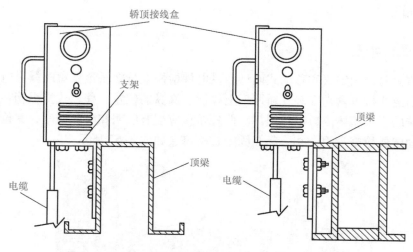

图 3-69　轿顶接线盒

在布置轿厢电气设备时，因轿厢的各装置分布在轿底、轿内和轿顶，应在轿底和轿顶各设置一个接线盒。随行电缆进入轿底接线盒后，分别用导线或电缆引至称重装置、操纵箱和轿顶接线盒。再从轿顶接线盒引至轿顶各装置，如门电动机、照明灯、传感器、安全开关等。从轿顶接线盒引出导线，必须采用线管或金属软管保护，并沿轿厢四周或轿顶加强敷设，且应整齐美观，维修操作方便。

四、平层感应器

平层感应器由两只感应器装在一副支架上组成，感应器有上行和下行之分，每个方向的感应器又根据电梯运行速度来设置，一般为 1~2 只，如图 3-70 所示。

永磁感应器是电梯常用的一种电气元件，它具有工作可靠、体积小、安装方便、对环境要求低等特点。电梯用感应器由一凹形塑料盒，内装一干簧管及一永久磁钢组成。

图 3-70　平层感应器

五、轿内操纵箱

操纵箱是控制电梯关门、开门、起动、停层、急停等的控制装置。它有手柄式和按钮式两大类，而按钮式又可分为大行程按钮和微动按钮两种，可供有/无司机使用。有些高级电梯为使乘客方便，设有两只操纵箱，如图 3-71 所示。操纵箱安装工艺较简单，在轿厢相应位置装入箱体，将全部导线接好后盖上面板即可，一般面板都是精致成品，安装时切勿损伤。

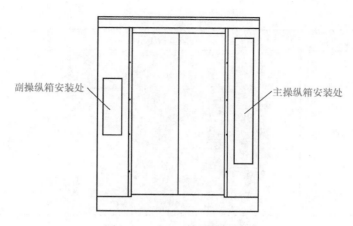

图 3-71 主、副轿内操纵箱

副操纵箱安装处 主操纵箱安装处

【工程施工】

轿厢电气系统安装的流程见表 3-21。

表 3-21 轿厢电气系统安装流程

步序	步骤名称	安装步骤图示	安装说明
1	固定轿顶检修盒	固定轿顶检修盒	把轿顶检修盒的壳体固定在轿顶横梁上的一侧不影响其他工作的位置
	经验寄语：检修盒的安装位置不应挡住人员观察钢丝绳，尽量安装在横梁的一侧		
2	连接检修盒线路	 轿顶检修盒接线	根据电路图给轿顶检修盒的面板进行接线 用螺钉把轿顶检修盒的面板固定在壳体上
	经验寄语：轿顶检修盒内部的接线要留有余量，不能拉扯得太紧，应把护套线在检修盒内固定一下。安装完成后，要检验轿顶检修盒上的开关能否正常动作		

（续）

步序	步骤名称	安装步骤图示	安装说明
3	安装轿厢照明	安装轿厢照明	安装轿厢照明灯，并把线路接好，在轿顶上走线
4	安装轿厢风扇	安装轿厢风扇	把轿厢的风扇安装固定在轿顶预留位置，并把线接好，在轿顶上走线
经验寄语：轿顶走线要注意不被施工人员踩到，要注意风扇的安装方向				
5	安装平层感应器并接线	 平层感应器接线	把平层感应器组件安装在轿顶侧面合适位置 平层感应器的接线顺着支架的方向绑扎
经验寄语：平层感应装置的水平位置和竖直位置要合适，能使轿厢正常平层。此处线路的走线应不影响轿厢运行，且不易被轿顶维修人员踩到				
6	操纵箱接线	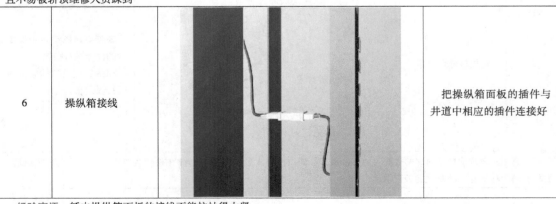	把操纵箱面板的插件与井道中相应的插件连接好
经验寄语：轿内操纵箱面板的接线不能拉扯得太紧				

（续）

步序	步骤名称	安装步骤图示	安装说明
7	操纵箱位置调整	 调整轩内操纵箱位置	把轩内操纵箱的位置调整好，四侧均不要出现空隙 用螺钉把面板固定在操纵箱上

经验寄语：固定面板之前先测试按钮是否能用

【工程验收】

轩顶电气设备安装完成后，即可按照表3-22的要求进行验收。

表3-22 轩顶电气设备验收

序号	验收内容	参考图例
1	轩顶检修盒配线应连接牢固，接触良好，包扎紧密，绝缘可靠，标志清楚，绑扎整齐美观 急停、检修、转换等开关、按钮的动作必须灵活可靠	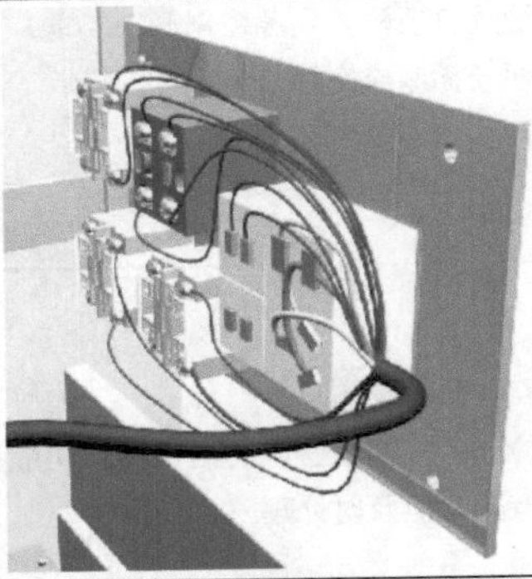
2	平层感应装置配线应连接牢固，接触良好，包扎紧密，绝缘可靠，标志清楚，绑扎整齐美观 平层感应器的附属构架，线管、线槽等非带电金属部分的防腐处理应涂漆均匀、无遗漏	

（续）

序号	验收内容	参考图例
3	轿顶照明和风扇的走线位置应轻易不能让人踩到	

【维护保养】

轿厢电气系统维护保养要求可参考表3-23。

表3-23　轿厢电气系统维护保养

序号	维保要求	图例
1	检查轿顶照明应符合要求；检查轿顶应整洁无油污、无杂物，除电梯相关物品外不得放置其他物品	
2	检查轿顶检修盒各控制开关功能应正常、照明及插座应完好	
3	检查各控制按钮应灵活可靠、功能正常，如有异常应及时处理	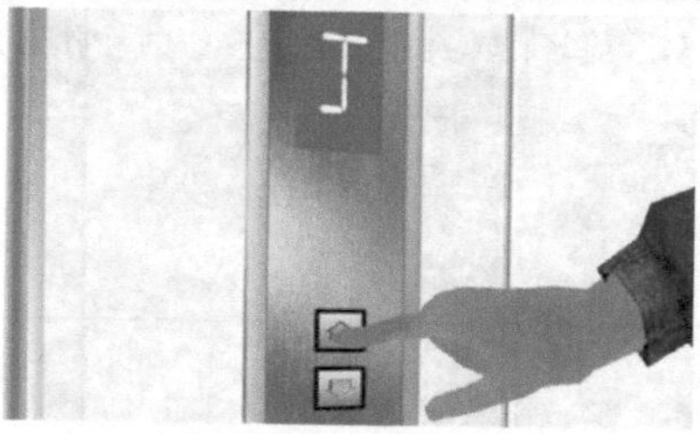
4	平层装置表面清洁，无尘、无油渍	

（续）

序号	维保要求	图例
5	检查平层装置与感应器件距离应合适，应保持在5~8mm	
6	检查平层装置安装和接插件应固定可靠、无松动现象	
7	检查平层装置动作应灵敏、可靠，如有异常应立即处理	
8	轿顶轮的防护罩和护绳装置应固定可靠	
9	检查轿顶轮应运转灵活，无异常声响，必要时轴承应加注黄油	

（续）

序号	维保要求	图例
10	检查安全窗强度应足够、不应有破损；检查安全窗开、关应顺畅，锁紧装置应可靠且有效，符合标准要求	
11	检查出口门应附带电气保护开关，应手动测试 3 次以上，确认可靠后复位	
12	检查弹性导靴与导轨顶面应无间隙，两边伸缩之和应≤4mm，如超标应及时调整	
13	检查固定导靴与导轨顶面间隙应保持在 1～4mm，如超标应及时调整	

（续）

序号	维保要求	图例
14	逐层测试内指令按钮，应灵活可靠；检查按钮显示应正确、清晰；检查其他控制按钮及开关应灵活，功能应正常；检查显示器应显示正确、清晰，无断点、七段码少段现象；以上项目如有异常应及时处理	

【情境解析】

情境：被困电梯。

解析：1）保持镇定，并且安慰困在一起的人，向大家解释不会有危险，电梯不会掉下。电梯有防坠安全装置，会牢牢夹住电梯两旁的钢轨，安全装置也不会失灵。

2）利用警钟或对讲机、手机求援，如无警钟或对讲机，手机又失灵时，可拍门叫喊，如怕手痛，可脱下鞋子敲打，请求立刻找人来营救。

3）如果外面没有受过训练的救援人员在场，不要自行爬出电梯。

4）千万不要尝试强行推开电梯内门，即使能打开，也未必够得着外门，想要打开外门安全脱身当然更不行。电梯外壁的油垢还可能使人滑倒。

5）电梯天花板若有紧急出口，也不要爬出去。出口板一旦打开，安全开关就使电梯刹住不动。但如果出口板意外关上，电梯就可能突然开动令人失去平衡，在漆黑的电梯顶上，可能被电梯的缆索绊倒，或因踩到油垢而滑倒，从电梯顶上掉下去。

6）在深夜或周末下午被困在商业大厦的电梯，就有可能几小时甚至几天也没有人走近电梯。在这种情况下，最安全的做法是保持镇定，伺机求援。注意倾听外面的动静，如有行人经过，设法引起其注意。如果不行，就等到上班时间再拍门呼救。

【特种设备作业人员考核要求】

【对接国标】

【知识梳理】

项目四

层站设备的安装与维保

设备、材料要求

1）厅门的各部件应与图样相符，数量齐全。
2）门锁装置应有型式试验报告结论副本。
3）地坎、门导轨、厅门扇应无变形、损坏。其他各部件应完好无损，功能可靠。
4）用于制作钢牛腿和牛腿支架的型钢要符合要求。
5）焊条和膨胀螺栓要有出厂合格证。
6）水泥、砂子、防锈漆要符合要求。

机具

活扳手、水平尺、钢直尺、直角尺、钢卷尺、电焊工具、台钻、手电钻、电锤、线坠、斜塞尺、铁锹、小铲、抹子、锤子、錾子、钢丝刷、漆刷等。

作业条件

1）各层脚手架横杆应不妨碍厅门安装的施工要求。
2）各层厅门口及脚手板上干净、无杂物。
3）防护门安全可靠。
4）各层厅门口建筑结构墙壁上，应有土建提供并确认的楼层装饰标高线。
5）对厅门各部件进行检查，如发现不符合要求处应及时修整，对传动部分应进行清洗加油，做好安装准备。

任务一　层门地坎的安装与维保

【任务描述】

某电梯施工现场，层门门洞已检查修整完毕，根据工程进度，在安装层门之前要先安装层门地坎等，通过完成此任务，可以掌握层门地坎的种类、牛腿的种类以及层门地坎的安装方法、流程及注意事项等。层门地坎的位置如图4-1所示。

【知识铺垫】

一、地坎

地坎是轿厢或层门入口处的带槽踏板。地坎如图4-2所示。

层门地坎安装在每一层门口的井道牛腿上。它的作用是限制层门门扇下端沿着一定的直线方向运动。地坎是外露的部件，有一定的装饰作用，因此在安装前首先要检查是否有弯曲变形，安装时不应使其表面划伤。安装后的层门地坎如图4-3所示。

在水平门设置中，一般在地坎上设有槽，作为门滑块的导轨。地坎一般分为牛腿结构和无牛腿结构两种。

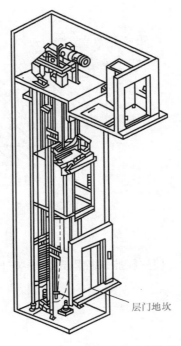

图4-1　层门地坎的安装位置

图4-2　地坎

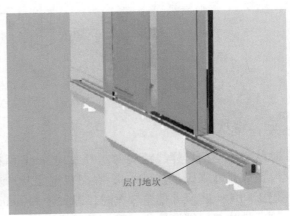

图4-3　安装后的层门地坎

二、牛腿

带混凝土牛腿的地坎在早期电梯中广泛采用，但这种方法在安装过程中需要混凝土浇灌后变硬，工期较长，对土建要求较多，所以现在只在一些需要更高强度的货梯中采用，如图4-4所示。

角钢牛腿结构的地坎在电梯应用中比较普及。钢结构的牛腿可以现场利用角铁制作，方

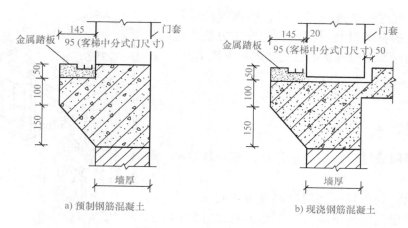

a) 预制钢筋混凝土　　　　　　　b) 现浇钢筋混凝土

图 4-4　电梯厅门牛腿构造

便快捷，使用膨胀螺栓固定，安装速度快，效率高，结构简单，如图 4-5 所示。

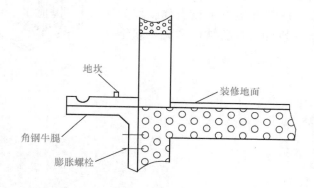

图 4-5　角钢牛腿

三、地坎的定位

地坎端面与门口样线距离为（31±1）mm（该尺寸与放线尺寸相关，不同电梯可以根据实际放线尺寸来确定该尺寸），在门口宽度上，该距离的误差应在 1mm 以内。

层楼间的土建尺寸偏差较大时，即大于 110mm 时，应使用双地坎支架。

轿门地坎与门锁滚轮的间隙、轿门地坎与门刀的间隙为（8±2）mm。

四、层门地坎下的防护

层门地坎下为钢牛腿时，应装设厚 1.5mm 的钢护脚板，钢板的宽度应比层门口宽度两边各延伸 25mm，垂直面的高度不小于 350mm，下边应向下延伸一个斜面，使斜面与水平面的夹角不得小于 60°，其投影深度不小于 20mm，如图 4-6 所示。

如楼层较低时，护脚板可与下一个层门的门楣连接，并应平整光滑。

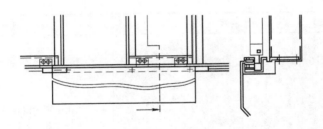

图 4-6　安装护脚板

【工程施工】

采用角钢牛腿的地坎安装流程参考表4-1。

表 4-1　采用角钢牛腿的地坎安装流程

序号	步骤名称	图例	步骤说明
1	吊门垂线	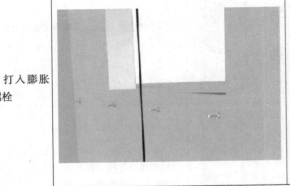	吊门垂线时应考虑到不同楼层土建牛腿的进出，以层门入口向井道内凸出量最大的牛腿为基准，确定整楼层门地坎在牛腿上的进出位置。在各厅门地坎上表面和内侧面立面上画出净门口宽度线以及中心线，以基准线及画线确定地坎、牛腿及牛腿支架的安装位置
	经验寄语：高层梯最好放3条线，门中一条线，门口两边两条线		
2	打入膨胀螺栓		在确定好的角钢牛腿需要固定的位置，打入一排膨胀螺栓
	经验寄语：用冲击钻打孔之前，可以先把牛腿放在预安装位置，在墙壁上画出对应孔的位置，然后在画出的孔位钻孔，可以提高准确度		

（续）

序号	步骤名称	图例	步骤说明
3	固定角钢牛腿		把角钢牛腿固定在钉好的膨胀螺栓上，用垫片、螺母拧紧，每层均如此
4	准备地坎		将六角螺栓放入地坎T形槽里
5	放置地坎槽		将地坎槽的螺栓插入角钢牛腿的固定孔
6	固定	安装层门地坎	每个螺栓加垫圈、弹簧垫用螺母固定地坎
7	检查		检查地坎与层站面之间的缝隙，待层站地坪装修施工时用地砖或水泥掩盖

（续）

序号	步骤名称	图例	步骤说明
8	完工	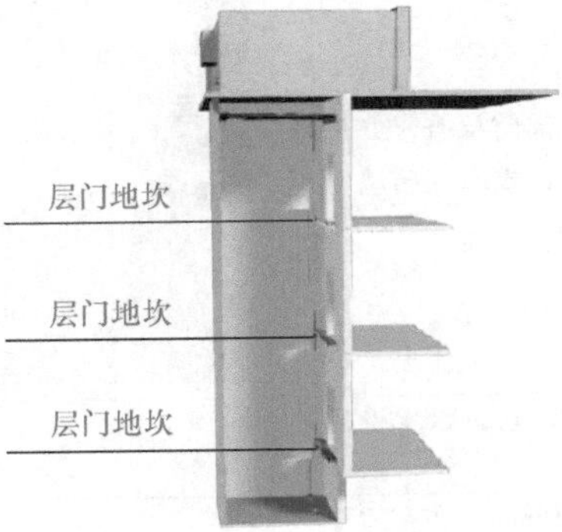 层门地坎 层门地坎 层门地坎	把每层的地坎均安装好，并进行检查
9	固定护脚板		将层门护脚板用螺栓安装固定于地坎托架上

【工程验收】

地坎安装完成后，可根据表4-2所示的验收要求进行验收。

表4-2　地坎安装验收

序号	验收要求	图例
1	层门地坎应具有足够的强度，地坎上表面宜高出装修后的地面2~5mm。在开门宽度方向上，地坎的水平度不应大于2/1000	
2	层门地坎至轿厢地坎之间的水平距离偏差为0~3mm（企业标准为0~2mm），且最大距离严禁超过35mm	
3	所有焊接连接和膨胀螺栓固定的部件一定要牢固可靠，砖墙上不准用膨胀螺栓固定	

（续）

序号	验收要求	图例
4	凡是需埋入混凝土中的部件，一定要经有关部门检查，办理隐蔽工程手续后，才能浇灌混凝土。不准在空心砖或泡沫砖墙上用灌注混凝土的方法固定	
5	每个层站入口均应装设一个具有足够强度的地坎，以承受通过它进入轿厢的载荷	
6	轿厢地坎与层门地坎间的水平距离不应大于35mm，在有效开门宽度范围内，该水平距离的偏差为0~3mm	
7	与层门联动的轿门部件与层门地坎之间，层门门锁装置与轿厢地坎之间的间隙应为5~10mm	

【维护保养】

地坎维护保养要求见表4-3。

表4-3 地坎维护保养

维保要求	图例
定期用毛刷清理地坎槽中的异物，注意不要将异物扫进井道，要将其扫除清理	

【情境解析】

情境：地坎支架安装面不平。

解析：井道层门地坎支架安装处的墙面不平整，造成支撑架与墙面接触问题，且地坎有扭曲变形或内应力。井道层门口地坪内立面牛腿位置处墙面不平整，造成地坎托架的支撑架安装在不平整的墙面上而与墙面的接触面积严重不足，无法提供给支架横平竖直的基准面。地坎、托架、支架整体受力不均，以至于完全达不到共面的要求，地坎的平面度、平行度无法调整，安装后的层门地坎内存在扭曲内应力，支架与墙面连接的膨胀螺栓都无法有效紧固。

纠正措施：井道层门地坪内立面厅门支架安装处的墙面在安装层门前必须进行立面平整度与立面垂直度检查。如发现立面不平整或立面不垂直，应首先做必要的粉平处理。

预防措施：在层门安装过程中要按照工艺要求规范作业，施工过程中实行质量控制及相应的施工前检查评估，如上一步骤不到位就不进行下一步工序的作业，切不可贪图方便。

【特种设备作业人员考核要求】

【对接国标】

【知识梳理】

任务二 门套、层门导轨的安装与维保

【任务描述】

某电梯工地，层门地坎均已安装完毕，且检验合格，根据工程进度，需要进行门框、门套及层门导轨，通过完成此任务，掌握门框、门套、层门导轨的基本结构、安装位置、固定方法、检验方法和注意事项等。

【知识铺垫】

门套由侧板和门楣组成，它的作用是保护门口侧壁，装饰门厅。门套一般有木门套、水泥大理石门套、不锈钢门套几种，安装时通常由木工或抹灰工配合进行。安装时，先将门套在层门口组成一体并校正平直，然后将门套固定螺栓与地坎连接，用方木挤紧加固，其垂直度和横梁的水平度不大于1/1000，下面要贴近地坎，不应有空隙。门套外沿应突出门厅装饰层0～5mm，最后浇灌混凝土砂浆，通常分段浇灌，以防门套变形。

一、层门导轨

导轨的作用是保证层门门扇沿着水平方向直线往返运动。层门导轨有板状和槽状两种。中分式开门方式需要一根导轨，旁开式开门方式需要两根导轨。

层门导轨的安装校正方法：层门导轨是用螺栓安装在两侧门框的立柱上。安装时，要用吊线坠与层门地坎找正垂直，同时调整层门导轨横向水平度。若是双根层门导轨，则两层门导轨的上端面应在同一水平面上。

二、门上坎

地坎混凝土硬结后才能安装门立柱、门上坎。

1）将左右厅门立柱、门上坎用螺栓组装成门框架，立到地坎上或立到地坎支撑型钢上，立柱下端与地坎或支撑型钢固定，门套与门头临时固定，确定门上坎支架的安装位置，然后用膨胀螺栓或焊接方法将门上坎支架固定在井道壁上。

2）用螺栓固定门上坎和门上坎支架，按要求调整门套、门立柱、门上坎的水平度、垂直度和相应位置。

① 用水平尺测量层门导轨安装是否水平，如是侧开门，两根门导轨上端面应在同一水平面上，用门口样线检查层门导轨中心与地坎槽中心的水平距离 X 符合图样要求，偏差不

大于1mm，如图4-7所示。检查门导轨的垂直度以及门上坎的垂直度，确认合格后，紧固门立柱、门上坎支架、门上坎及地坎之间的连接螺栓。

② 用门口样线校正门套立柱的垂直度，全高度应对应垂直一致，然后将门套与门上坎之间的连接螺栓紧固，用钢筋（φ10mm×200mm）与打入墙中的钢筋和门套加强板进行焊接固定，注意将钢筋弯成弓形后再焊接，以免焊接变形导致门套的变形，如图4-8所示。

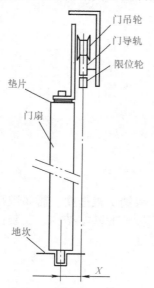

图4-7 门导轨中心与地坎槽中心的水平距离

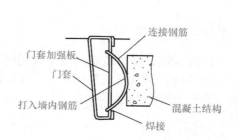

图4-8 焊接钢筋和门套加强板

【工程施工】

门套安装流程见表4-4。

表4-4 门套安装流程

序号	步骤名称	图例	步骤说明
1	安装门套固定钢筋		根据门框加强板的位置在层门口两侧混凝土墙上钻φ8mm的孔
2	砸入一根钢筋		在钻出的孔位砸入φ10mm×100mm的钢筋，用于固定门套

序号	步骤名称	图例	步骤说明
3	砸入全部钢筋		钢筋长度100mm，砸入墙后，留在墙外的钢筋长度为30mm
4	组装门套		在平整的地方组装好门套横梁和门套立柱
5	组装门套		三个边的连接部位用螺栓固定起来
6	放置门套		把组装好的门套垂直放在地坎上，确认左右门套立柱与地坎的出入口划线重合，找好与地坎槽的距离，使之符合图样要求，然后拧紧门套与地坎之间的紧固螺栓

（续）

序号	步骤名称	图例	步骤说明
7	焊接固定门套		把门套和门洞凸出的钢筋焊接在一起
8	填充	层门框架立柱的垂直度误差不应超过1/1000	用混凝土填充门套周围缝隙
9	放置层门导轨架		将门导轨架放到层门立柱上，左右移动导轨架，使层门立柱大体垂直，连接挂板与门导轨架，略紧
10	标记支架安装位置		用线坠衡量门导轨架中心与地坎中心垂直，在井道壁上标出门导轨架安装支架的固定位置
11	钻孔		用电锤钻孔（若遇钢筋，不能钻出所需深度，可用支架的其他孔固定或用螺栓垫片压住支架）
12	固定层门导轨支架		用螺栓将安装支架固定，为方便调动暂不紧固（使螺栓处于支架固定孔中心，便于调动），再用线坠将门导轨支架中心与地坎中心垂直。在门导轨安装支架与门导轨架连接处用记号笔做出标记
13	安装层门导轨		用卷尺分别调出左右层门导轨支架与层门导轨架之间的距离，用螺钉固定或焊接固定支架与门导轨架（若有空隙，可加铁片焊接）

【维护保养】

门导轨上不能有异物阻碍，门导轨本身不能有凹凸不平、扭曲、歪斜等不正常现象。

【工程验收】

门套的安装完成以后，可以按照表4-5的要求进行验收。

表4-5　门套的安装验收

序号	验收要点
1	门套垂直度和横梁水平度不大于1/1000，下面要贴紧地坎，不应有空隙
2	门套外沿应突出门厅装饰层0~5mm
3	层门导轨与地坎槽相对应，在导轨两端和中间3处的间距偏差不大于±1mm，层门导轨上表面对地坎上表面的不平行度不应超过1mm
4	导轨截面的不垂直度不应超过0.5mm
5	导轨固定前应用门扇试挂实测一下导轨和地坎的距离是否合适，否则应调整
6	导轨的表面或滑动面应光滑平整、清洁、无毛刺、尘粒、铁屑

【知识梳理】

任务三　门头板、门扇的安装与维保

【任务描述】

某电梯安装工地，层门门框和层门地坎均已安装完毕且检验合格，根据工程进度，需要安装层门门头和门扇，通过完成此任务，可以掌握门扇的运行方式、门头的结构组成以及它们的安装方法、注意事项及检验方法。

【知识铺垫】

电梯层门也叫厅门，是设置在层站入口的封闭门。在电梯运行时，任一层站的层门都处于关闭状态，而当电梯轿厢运行到某一层站时，该层站的层门通过轿门的启动才能打开，因此，轿门是主动门，层门是被动门。电梯的层门由门扇、门套、门地坎、门导轨、门锁、联动机构等组成。

一、层门

电梯的层门按其运行方式，以轨道式滑动门最为常见。轨道式滑动门又可分为中分式门、旁开式门和闸门式门（直分式门）等。

1. 中分式门

中分式又分两扇中分式和四扇中分式。两扇中分式门在开门时，左右门扇以相同的速度向两侧滑动；关门时，则以相同的速度向中间合拢。对于四扇中分式门，在开、闭时，每侧两扇门的运行方式与两扇旁开门相同。中分式门具有出入方便、工作效率高、可靠性好的优点，多用于客梯。

2. 旁开式门

旁开式门按照门扇的数量，常见的有单扇、双扇和三扇。当旁开式门为双扇时，两个门扇在开、闭时各自的行程不相同，但运行的时间却必须相同，因此两扇门的速度存在快慢之分，即快门与慢门，所以，双旁开门又称双速门。由于门在打开后是折叠在一起的，因此又称双折门。当旁开式门为三扇时，又称三速门或三折门。

旁开式门具有开门宽度大、对井道安装要求小的优点，货梯多采用。

3. 闸门式门

闸门式门由下向上推开，又称直分式门。按门扇的数量，可分为单扇、双扇和三扇等。与旁开式门同理，双扇门或三扇门又称为双速门或三速门。

闸门式门不占用井道和轿厢的宽度，电梯具有最大的开门宽度，常用于杂物梯和大吨位的货梯。

层门门扇的上沿通过滑轮吊挂在门导轨上，下沿插入地坎的凹槽中，经联动机构开闭。因此，当地坎、门框、门导轨等安装调整完毕后，可以吊挂门扇，并装配门扇间的联动机构。

二、层门门扇的安装准备

1）检查门扇滑轮转动是否灵活，并在门扇滑轮的轴承内注入润滑脂。

2）检查和清洁导轨、地坎，如有防锈保护层应清除干净，对槽型层门导轨更要仔细清扫。

3）如有地坎护脚板，可先行安装。

4）注意层门外观，检查门扇有无凹凸及不妥之处，不要划伤和撞击门板。

5）用锉刀清除门套的焊接部位，用手锤清除填塞门套的水泥、砖块等凸出物。

6）如果门套和门扇是不锈钢材质时，应用裁纸刀削去层门扇和层门套转角部位的保护胶纸，然后撕去保护胶纸条，待电梯投入运行时再由客户自行除去剩余部位的保护胶纸条。

7）清除地坎槽内残留的杂物。

三、门锁

门锁是电梯重要的安全装置。门锁除了锁门，使层门只有用钥匙才能在层站外打开外，还起电气联锁的作用。只有各层层门都被确认在关闭状态时，电梯才能启动运行；同时，在电梯运行中，任何一个层门被打开，电梯就会立即停止运行。

最为常见的机械门锁，与垂直安装在轿门外侧顶部的门刀配合使用。停层时，门刀能准确地插入门锁的两个滚轮中间，通过门刀的横向移动打开或关闭门锁，并带动层门打开或关闭。门刀的端面与各层门地坎的间隙和各层机械电气联锁装置的滚轮与轿厢地坎的间隙应为5~8mm。

四、门锁安装准备

1）安装前应对锁钩、锁臂、滚轮、弹簧等按要求进行调整，使其灵活可靠。

2）门锁和门安全开关要按图样规定的位置进行安装。若设备上安装螺孔不符合图样要求，要进行修改。

3）调整层门门锁和门安全开关，使其达到：锁钩须动作灵活，在证实锁紧的电气安全装置动作之前，锁紧元件的最小啮合长度为7mm。

如门锁固定螺孔为可调者，门锁安装调整就位后，必须加定位螺栓，防止门锁移位。

4）当轿门与层门联动时，锁钩应无脱钩及夹刀现象，在开关门时应运行平稳，无抖动和撞击声。

5）在门扇装完后，应将强迫关门装置装上，使层门处于关闭状态。厅门应具有自闭能力，被打开的层门在无外力作用时，层门应能自动关闭，以确保层门口的安全。

6）层门手动紧急开锁装置应灵活可靠，每个层门均应设置。

7）凡是需要埋入混凝土中的部件，一定要经有关部门检查办理隐蔽工程手续后，才能浇灌混凝土。不准在空心砖或泡沫砖墙上用灌注混凝土的方法固定。

8）厅门各部件若有损坏、变形的，要及时修理或更换，合格后方可使用。

9）厅门与井道固定的可调式连接件，在厅门调好后，应将连接件长孔处的垫圈点焊固定，以防移位。

五、三角锁

三角锁是检修时用于开启层门，有别于一般的锁，专业人员操作使用，电梯每一层层门上都有一个三角锁孔。电梯门锁主要分为两个部分，电锁和机械锁。电锁的作用是控制门回路继电器的通断，一般直接将门锁触点与机房控制柜中的门回路继电器线圈直接串联，即如果有某层门未关好，则电梯无法运行。机械锁与电锁同时动作，为防止有人误坠入电梯井，要求电梯关门以后有效锁紧层门，在一定外力作用下不能轻易开门。电梯层门外所看到的三角锁，如图4-9所示，正是为了开这两个锁的。电锁与机械锁同时打开，打开以后电梯不能运行，主要是为电梯维修人员进入井道或底坑维修，故障时放人等用。非专业执证人员，禁止使用。

图4-9　三角锁

▮▮【工程施工】

层门门头和门扇的安装流程见表4-6。

表4-6　层门门头和门扇的安装流程

序号	步骤名称	图例	安装说明
1	检查门头板		检查门锁的锁钩、锁臂、弹簧和滚轮等是否运转正常
2	悬挂门头板		首先根据门口样线和门头板的尺寸，在合适位置打入固定螺栓用于固定门头板，把门头板暂时悬挂在固定螺栓上

（续）

序号	步骤名称	图例	安装说明
3	左右调整	调整固定门头	水平方向左右移动门头板直到门头板位于正确位置。在门头板和墙壁之间加适量的垫片，紧固左右移动的螺栓
4	前后调整		水平方向前后移动门头板，直到门头板位于正确的位置
5	紧固螺栓	调整固定门头	紧固前后移动的螺栓
6	准备门滑块		检查门滑块有没有质量问题
7	固定门滑块		把门滑块固定在门扇下端

（续）

序号	步骤名称	图例	安装说明
8	装门		把门扇滑块插入层门地坎槽中，并在层门下端与地坎之间垫上合适厚度的垫片以保证层门与地坎的运动间隙
9	固定门扇上端	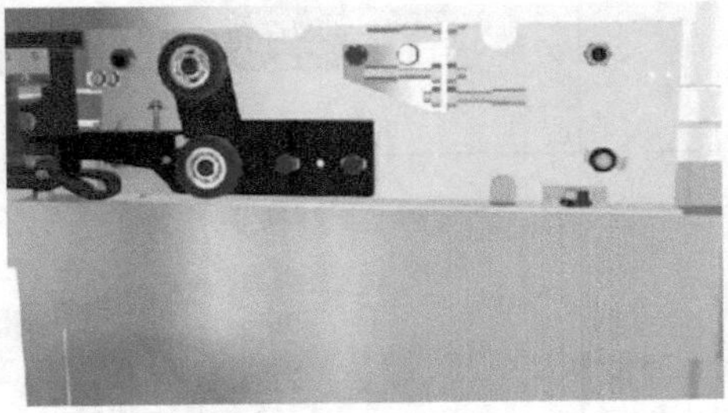	将层门装挂到门滑轮组件处 
10	检查缝隙	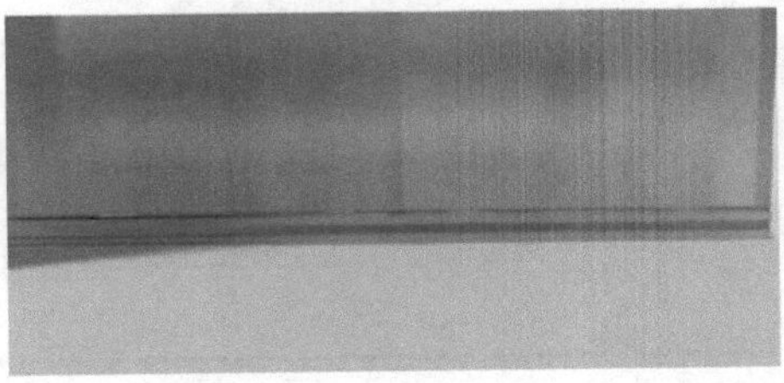	通过在门滑轮组件与门扇之间插入垫片来调整，使门扇下端与层门地坎的间隙为（5±1）mm

【工程验收】

门头和门扇的验收要求见表4-7。

表4-7　门头和门扇的验收要求

序号	验收要点	图例
1	层门关好后，机械锁应立即将门锁住，锁钩电气触点刚接触，电梯能够起动时，锁紧件啮合长度至少为7mm	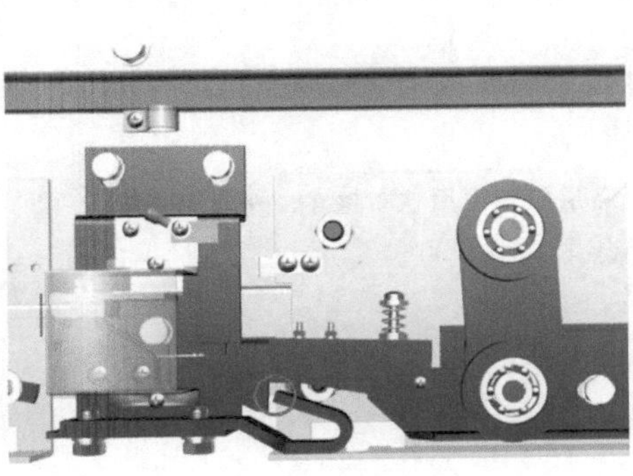

（续）

序号	验收要点	图例
2	应由重力、弹簧或永久磁铁来产生并保持锁紧动作，而不得由于该装置的功能失效，造成层门锁紧装置开启	
3	层门外不可将门扒开。可借助紧急开锁的钥匙开启层门，每一扇层门必须认真严查。层门手动紧急开锁装置应灵活可靠，每个层门均应设置此类装置，门开启后三角锁应能自动复位	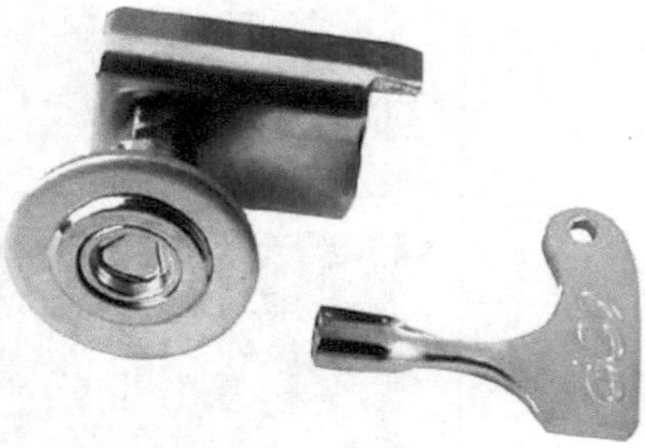

【维护保养】

门扇和门锁的维护保养要点见表 4-8。

表 4-8　门扇和门锁的维护保养

序号	维保要点	图例
1	各层门表面用软布擦净，外观应光洁、无尘、无油痕	

（续）

序号	维保要点	图例
2	应用毛刷清扫地坎，保证清洁无杂物	
3	各层门用手推至开门终端，测试强迫关门装置应灵活，重锤与滑道应无碰撞声或其他异常声响，如有异常应及时处理	
4	中分式层门关闭时，测量门缝在整个高度上不大于2mm，双折式层门装饰板与轿厢壁应平齐，误差小于2mm，如有超标应及时调整	
5	扒门试验，在层门最不利位置施加外力，中分式门扇之间的间隙不大于30mm，且无停梯现象	

（续）

序号	维保要点	图例
6	电气联锁触点应用毛刷和抹布刷扫擦净，保证无尘、无油渍，积垢严重时用细砂纸清除	
7	自动门锁各传动部位应注入少量润滑油并擦净，无油痕	
8	层门锁钩的啮合深度要大于7mm，如果不合格则应及时调整	
9	检查层门上坎、滑轮，应无杂质、无严重磨损现象	

（续）

序号	维保要点	图例
10	偏心轮应运转灵活，无异常声响	
11	必要时用油布擦净各部位，如有异常应及时处理	
12	层门滑块固定位置及深入地坎深度合适、无卡阻，严重磨损时应更换门滑块	
13	对于乘客电梯，测量门与地坎、门扇与门扇、门扇与门套之间的间隙应 ≤ 6mm，如有超标及时调整	

（续）

序号	维保要点	图例
14	三角锁应逐层手动开锁，动作及复位应灵活、可靠，如有异常应及时处理	

【情境解析】

情境：各部位尺寸未达到要求。

解析：层门安装的支架、固定件、紧固件、各部件安装尺寸横平、竖直未达标或不规范。如层门安装所产生的质量问题都将最终影响层门的总体质量。在层门安装施工中应严格按照安装工艺进行施工，安装前应对各位置进行必要的检查，必要时需对各打孔位置进行垂直与水平方向的弹线定位以便预先发现问题。使各相关支架、立柱、地坎、门套、门扇间的间隙、相互尺寸等均能得到保证，其最基本的要求：横平、竖直、尺寸到位、间隙均匀。

纠正措施：层门施工过程中要严格按照工艺与检验规范要求，应对各相关所需位置进行必要的安装前检查，安装中的各相关尺寸应及时调整到位。

预防措施：施工过程中需严格按照要求做好必要的工序检验，做好安装质量过程控制。

【特种设备作业人员考核要求】

【对接国标】

【知识梳理】

任务四　呼梯盒的安装与维保

【任务描述】

在电梯层站的合适位置安装呼梯盒（召唤盒）与层楼显示装置。通过本任务，掌握呼梯盒与层楼显示装置的结构特点、安装方法、安装位置、验收标准等，学会如何根据国家标准和行业规范安装这些设备。呼梯盒安装位置示意图如图 4-10 所示。

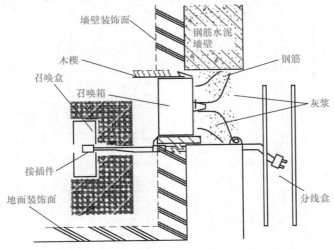

图 4-10 呼梯盒安装位置示意图

【知识铺垫】

电梯的呼梯控制单元主要包括层楼显示装置和呼梯盒两部分。有些呼梯盒与层楼显示装置是一体的。

一、呼梯盒

呼梯盒是指设置在层站门一侧，召唤轿厢停靠在呼梯层站的装置。呼梯盒（又称召唤盒）设置在各楼层电梯入口层门的旁边，一般有上下两个带箭头的按钮，供乘客召唤轿厢来本层站时使用。在图 4-11 中可以看到，每层的厅外呼梯盒和轿厢内的轿内操纵盘都是通过电缆与电梯机房控制柜相连的。

基站的呼梯盒还设有一个锁梯钥匙开关。全自动运行或司机状态下，锁梯钥匙开关被置位后，消除所有外呼召唤登记，只响应轿内指令直至没有指令登记。而后返回基站，自动开门后关闭轿内照明和风扇，点亮开门按钮灯，再延时 10s 后自动关门，然后停止电梯运行。当锁梯钥匙开关被复位后电梯重新开始正常运行。

对于厅外呼梯盒，在电梯的最低层和最高层站，层外呼梯盒上仅安装一个单键按钮（顶层向下，底层向上），其余中间层均为上下两方向，如图 4-12 所示。另外，基站还包括一个锁梯钥匙，供开关电梯使用；在消防基站的呼梯盒上方，有一个消防开关，平时用玻璃面板封住，在发生火灾时，打碎玻璃面板，压下开关，使电梯进入消防运行状态。不管是厅外呼梯盒还是轿内操纵盘，都有楼层显示屏，而且呼梯按钮也都有相应的指示灯，当选定楼层时，相应楼层按钮的指示灯会亮。

二、层楼显示装置

层楼显示装置是设置在层门上方或一侧，显示轿厢运行位置和方向的装置。当电梯厅站乘客发出召唤信号时，与其相应的继电器吸合，接通指示灯电源，点亮相应的召唤楼层指示

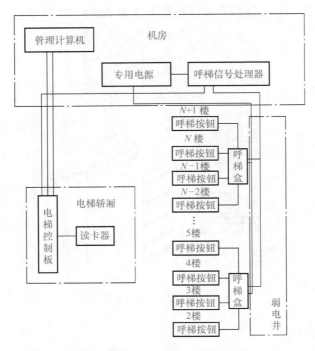

图 4-11 传统电梯呼梯控制系统图

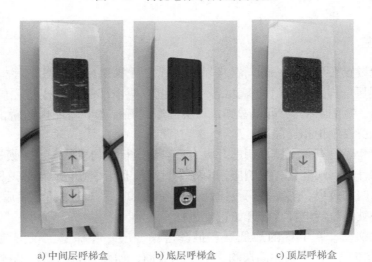

a) 中间层呼梯盒   b) 底层呼梯盒   c) 顶层呼梯盒

图 4-12 厅外呼梯盒

灯，电梯轿厢应答到位后，指示灯自行熄灭。有的电梯把指示灯装在操纵箱上楼层选择按钮旁边，有的电梯把指示灯横装在操纵箱的上方。运行方向指示灯装在操纵箱盘面上，用箭头图形表示，当向上方向继电器吸合后使向上箭头指示灯点亮，当向下方向继电器吸合后使向下箭头指示灯点亮，以标志电梯轿厢运行方向。指示灯电压各不相同，一般采用 6.3V、12V、24V，灯泡则选用 7V、14V、26V，即灯泡额定电压略高于线路给定电压，这样可以延长指示灯泡的使用寿命。

层楼显示装置通常采用数码管或点阵屏点亮后显示相应数字。层楼显示装置的安装位置离地高度为2350mm左右，围板应位于门框中心。安装后水平偏差不大于3/1000，面板应紧贴装饰后的墙面。

1. 七段数码管型层楼显示器

七段数码管一般由8个发光二极管组成，如图4-13所示。其中由7个细长的发光二极管组成数字显示，另外一个圆形的发光二极管显示小数点。当发光二极管导通时，相应的一个点或一个笔画发光。控制相应的二极管导通，就能显示出各种字符，尽管显示的字符形状有些失真，能显示的数符数量也有限，但其控制简单，使用也方便。发光二极管的阳极连在一起的称为共阳极数码管，阴极连在一起的称为共阴极数码管，如图4-14所示。

图4-13 七段数码管层楼显示器

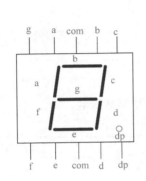

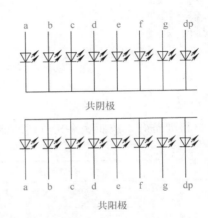

图4-14 共阴极和共阳极

2. 点阵屏层楼显示器

点阵屏显示器有单色和双色两类，可显示红、黄、绿、橙等。LED点阵有4×4、4×8、5×7、5×8、8×8、16×16、24×24、40×40等多种；根据像素的数目分为单基色、双基色、三基色等，根据像素颜色不同，所显示的文字、图像等内容的颜色也不同，单基色点阵只能显示固定色彩，如红、绿、黄等单色，双基色和三基色点阵显示内容的颜色由像素内不同颜色发光二极管点亮组合方式决定，如红绿都亮时可显示黄色，如果按照脉冲方式控制二极管的点亮时间，则可实现256或更高级灰度显示，即可实现真彩色显示，如图4-15所示。

三、呼梯盒（召唤盒）的安装要求

呼梯盒主要包括底板、与底板连接的显示窗、与底板连接的按钮板及与按钮板连接的按钮，还包括安装板，安装板与底板可拆式连接，安装板上设有与墙体固定的固定孔。

呼梯盒的安装位置：高度为1.2～1.4m，盒边与层门的距离为0.2～0.3m，如图4-16所示。单台旁开门时应安装于层门框侧的墙上。群控、集选电梯应安装在两台电梯层门的中间位置。其安装垂直度偏差不大于3/1000，面板应紧贴装饰后的墙面，按钮应能灵活复位。

注意：呼梯盒表面与外墙面垂直度为±1mm。

图 4-15　点阵屏层楼显示器

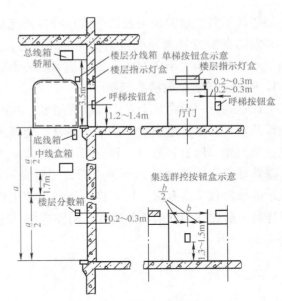

图 4-16　呼梯盒安装位置示意图

【工程施工】

把工具、材料准备好，按照表 4-9 所列的流程进行呼梯盒安装。

表 4-9　呼梯盒安装流程

步序	步骤名称	安装步骤图示	安装说明
1	定位	盒边与厅门边距离为 0.2～0.3m 呼梯盒高度 1.2～1.4m 预留地面装修高度 50mm	用盒尺测量预留孔的位置，确定呼梯盒位置，保证安装位置符合要求
		经验寄语：测量呼梯盒安装高度时，要去除层站地面装修的高度，一般为 50mm	
2	安装呼梯盒底座	 安装预埋盒	在土建结构预留孔内根据要求固定呼梯盒底座
		经验寄语：底座的孔与墙体的孔要对正，壳体要接地	

（续）

步序	步骤名称	安装步骤图示	安装说明
3	连接线路	接线	连接呼梯盒控制电路与井道电缆
经验寄语：电缆插接不能拉得太紧			
4	固定呼梯盒面板	安装呼梯盒	根据要求安装固定好呼梯盒面板
经验寄语：固定前，先验证面板上的按钮能否正常使用，面板不能有歪斜			

【工程验收】

呼梯盒安装完成后，根据表4-10的内容进行验收。

表4-10　呼梯盒安装验收

序号	验收内容	参考图例
1	埋入墙内的按钮盒、层楼显示盒等的盒口不应突出装饰面，盒面板与墙面贴实无间隙。各层门指示灯、召唤按钮及开关的面板安装后应与墙面装饰面贴实，不得有明显凹凸变形和歪斜，并保持洁净、无损伤。层楼显示、按钮、操纵盘的指示信号清晰、明亮、准确，不应有漏光或串光现象，按钮及开关应灵活可靠，不应有卡阻现象。消防开关工作可靠	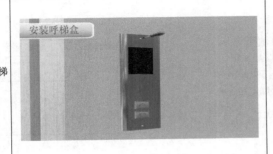

（续）

序号	验收内容	参考图例
2	呼梯按钮盒装在距地面 1.2~1.4m 的墙壁上，盒边距层门边 0.2~0.3m，群控电梯的呼梯盒应装在两部电梯的中间位置	盒边距厅门边距离为0.2~0.3m 呼梯盒高度1.2~1.4m 预留地面装修高度50mm
3	在同一候梯厅有两部及以上电梯并列或相对安装时，各层门指示灯盒的高度偏差≤5mm；各呼梯盒的高度偏差≤2mm，与层门边的距离偏差≤10mm，相对安装的各层指示灯盒和各呼梯盒的高度偏差均≤5mm	层楼指示盒 呼梯盒 厅门 并列电梯呼梯盒、显示盒相对位置
4	具有消防功能的电梯，必须在基站或撤离层设置消防开关，消防开关盒应装在呼梯盒的上方，其底边距地面高度为 1.6~1.7m	
5	指示灯盒安装应横平竖直，其偏差≤1mm，指示灯盒中心与门中心偏差≤5mm。埋入墙内的按钮盒、指示灯盒等的盒口不应突出装饰面，盒面板与墙面应贴实无间隙。候梯厅层楼指示灯盒应装在层门口上 150~250mm 的位置	层楼指示盒 呼梯盒 相对布置的电梯呼梯盒、显示盒位置偏差

【维护保养】

呼梯盒的维护保养要求见表4-11。

表 4-11　呼梯盒的维护保养要求

序号	维保要求	图例
1	检查召唤按钮、显示器应逐层测试，按钮动作应灵活可靠、功能正确	
2	检查按钮指示应显示正确、清晰	
3	检查显示器应显示正确、清晰，无断点、少段现象	
4	如有消防开关，功能应正常，如有异常应及时处理	

【情境解析】

情境一：安装工人在连接呼梯盒面板的组线时，拉扯太紧，没有留下足够的余量。

解析：这种情况可能会导致导线或插接头受力而损坏。

情境二：呼梯盒没有接地或接地不良。

解析：如果呼梯盒有漏电现象，乘客在触摸呼梯时可能会有麻电感觉，会受到惊吓或伤害。根据规定，凡是带电设备的金属外壳均应有良好接地，这是为了保护人身和设备安全。

【特种设备作业人员考核要求】

【知识梳理】

项目五

井道设备的安装与维保

 设备、材料要求

1）对重架规格应符合设计要求，完整、坚固，无扭曲及损伤现象。
2）对重导靴和固定导靴用的螺栓规格、质量、数量应符合要求。
3）调整垫片应符合要求。
4）钢丝绳的粗细、尺寸应符合要求。
5）钢丝绳的卸扣的规格、质量应符合要求。

 机具

倒链、钢丝绳扣、方木、扳手、锤子、塞尺、吊索、钢锉、撬棍等。

 作业条件

1）对重导轨安装、调整、验收合格后，在底层拆除局部脚手架排档，以对重能进入井道就位为准，并对此处脚手架进行加固。
2）井道内电焊把线、照明线及其他障碍物品等应整理好，具有方便的操作场地。
3）将底坑内杂物清理好，以使施工人员适宜在地坑内工作。

任务一　对重装置、曳引绳的安装与维保

【任务描述】

在井道底部安装对重，在轿厢和对重之间悬挂曳引绳，通过本任务掌握对重和曳引绳的安装步骤、验收要求、注意事项等。对重如图 5-1 所示。

【知识铺垫】

一、对重装置

对重装置的用途是使轿厢的重量与有效载荷部分之间保持平衡，以减少能量的消耗及电动机功率的损耗。为了在钢丝绳与钢丝绳传动轮绳槽之间得到适当的摩擦力，这是必要的。对重装置是由曳引绳经曳引轮与轿厢相连接，在曳引式电梯运行过程中保持曳引能力的装置。

对重装置位于井道内，通过曳引钢丝绳经曳引轮与轿厢连接，并使轿厢与对重的重量通过曳引钢丝绳作用于曳引轮，保证足够的驱动力，如图 5-2 所示。因为轿厢的载重量是变化的，因此不可能两侧的重量都相等而处于平衡状态。一般情况下，只有轿厢的载重量达到 50% 的额定载重量时，对重一侧和轿厢一侧才处于完全平衡，这时的载重额称电梯的平衡点。这时由于曳引绳两端的静载荷相等，使电梯处于最佳的工作状态。但是在电梯运行中的大多数情况下，曳引绳两端的载荷是不相等的，是变化的，因此对重装置只能起到相对平衡的作用。

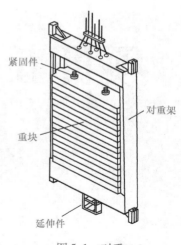

图 5-1　对重

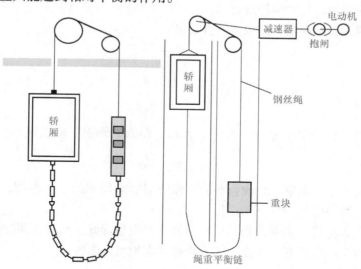

图 5-2　对重和轿厢

二、对重装置的作用

1）可以相对平衡轿厢和部分电梯载荷重量，减少曳引机功率的损耗；当轿厢负载与对重匹配较理想时，还可以减小曳引力，延长钢丝绳的寿命。

2）对重的存在保证了曳引绳与曳引轮槽的压力，保证了曳引力的产生。

3）由于曳引式电梯有对重装置，当轿厢或对重撞在缓冲器上后，曳引绳对曳引轮的压力消失，电梯失去曳引条件，避免冲顶（或蹲底）事故的发生。

4）由于曳引式电梯设置了对重，使电梯的提升高度不同于强制式驱动电梯那样受到卷筒尺寸的限制和速度不稳定，因而提升高度也大大提高。

三、对重装置的结构

对重装置主要由对重架、对重块、导靴、缓冲器碰块、压块以及与轿厢连接的曳引绳和反绳轮（指2:1曳引比的电梯）等组成，如图5-3所示。

四、对重架

对重架（见图5-4）用槽钢或用钢板（3～5mm）折压成槽钢形式后和钢板焊接而成。根据不同的曳引方式，对重架可分为用于2:1吊索法的有轮对重架和用于1:1吊索法的无轮对重架两种。根据不同的对重导轨，又可分为用于T形导轨、采用弹簧滑动的对重架，以及用于空心导轨、采用钢性滑动导靴的对重架两种。

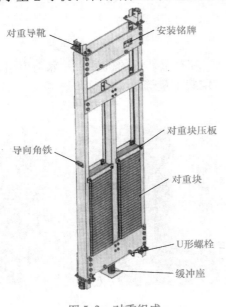

图5-3　对重组成

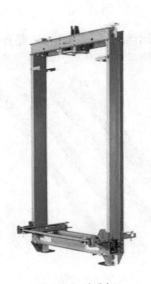

图5-4　对重架

五、对重块

对重块通常用铸铁制作或钢筋混凝土填充，如图5-5所示。对重块的大小以便于安装或维修人员搬动为宜，一般有50kg、75kg、100kg、125kg等几种。对重块放入对重架后，需用压板压紧，防止电梯在运行过程中因发生窜动而产生噪声，对于金属对重块，则最少要用两根拉杆将对重块紧固住。

六、对重重量值的计算和确定

为了使对重装置能起到最佳的平衡作用，必须正确计算其重量，保证使电梯分别处在满载和空载状态时，曳引钢丝绳两端重量差值最小，曳引机消耗功率最少，曳引钢丝绳也不易打滑。对重的总重量通常按以下基本公式计算：

$$W = G + kQ$$

式中　W——对重的总重量（含对重架）；

　　　G——轿厢自重；

　　　Q——轿厢额定载重量；

　　　k——电梯平衡系数，一般取 0.4 ~ 0.5。

图 5-5　对重块

七、曳引钢丝绳

曳引钢丝绳（见图 5-6）是连接轿厢（见图 5-7）和对重装置的机件，并靠与曳引轮槽的摩擦力驱动轿厢升降，承载着轿厢、对重装置、额定载重量等重量的总和。

图 5-6　钢丝绳

图 5-7　钢丝绳连接轿厢

曳引钢丝绳一般为圆形股状结构，主要由钢丝、钢丝股（绞股）和绳芯组成。钢丝绳中钢丝的材料由含碳量为 0.4% ~ 1% 的优质钢制成，为了减小脆性，材料中的硫、磷等杂质的含量不应大于 0.035%。钢丝直径为 5.5 ~ 9.5mm，有光面钢丝和镀锌钢丝两种。钢丝绳股由若干根钢丝捻成，钢丝是钢丝绳的基本强度单元，电梯用钢丝绳一般是 6 股和 8 股。绳芯分为纤维绳芯和钢芯两种，也可用新的聚烯烃类（聚丙烯或聚乙烯）等合成纤维制成。钢丝绳如图 5-8 所示。

八、绳头组合

曳引钢丝绳的直径、根数和安全系数标准确定之后，端接装置担负起强度、传导、拖动的重任。端接装置就是使钢丝绳能与悬挂或被悬挂点固定的过渡机件，俗称绳头，也叫绳头组合。绳与绳头固定时，需采用金属或树脂填充的绳套、自锁楔形绳套、至少带有 3 个合适绳夹的鸡心环套、手工捻接绳环、环圈（或套筒）压紧式绳环、带绳孔的金属吊杆或具有

 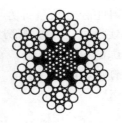

图 5-8 圆形股状结构

同等安全级别和保险程度的任何其他装置。而同等安全级别和保险程度的钢丝绳最基本特性：钢丝绳与端接装置的结合处至少应能承受钢丝绳最小破断负荷的 80%。

1. 锥套型

锥套型经铸造或锻造成型。根据锥套与吊杆的连接方式，可分为整体式、铆位式、铰连式、顶梢式。这种组合方式通常是在电梯安装现场完成的。将钢丝绳穿过锥形套筒，解散后弯折成圆锥状态或麻花状，经清洗后拉入锥套，然后将熔化后的巴氏合金一次浇注于锥套，冷却后钢丝绳便固定在套内，组合固定后钢丝绳在组合处的拉伸强度影响较小，安全可靠，在电梯上被广泛采用。锥套型如图 5-9 所示。

锥形套筒法绳头制作：钢丝绳末端穿过锥形套筒后，将绳头钢丝解散，并把各股向绳的中心弯成圆锥状，拉入锥套内，浇灌低熔点合金（如巴氏合金），待冷凝后即可。此法可靠性高，对钢丝绳的强度几乎没有影响，因此被广泛地应用在各类电梯上。锥套型制作方法如图 5-10 所示。

2. 楔锁型

楔锁型分为组合式和总成式，它们均具备自锁功能，无须使用填充。自锁楔形绳套由绳套筒和楔形块组成。组装时将钢丝绳绕过楔形块套入套筒，楔形块两面的斜度通常是 1:5，在钢丝绳拉力作用下，依靠楔形块与套筒内斜面配合自

图 5-9 锥套型

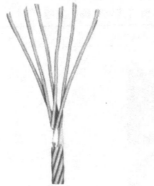  

a) 解开绳股　　　b) 编"花篮"套入锥套　　　c) 浇注完成

图 5-10 锥套型制作方法

动锁紧。这种组合方法装拆方便，并能获得80%以上的钢丝绳拉伸强度，但抗冲击性差。为防止楔形块松脱，一般楔形块下端设有开口销。这个方法如组合得当，可使组合后的拉伸强度为钢丝绳的60%~90%。由于这种组合强度不稳定，限制了使用范围，一般只用在杂物梯上。楔锁型如图5-11所示。

3. 楔套型

楔套型结合部分由楔套、楔块、开口销组成。在钢丝绳拉力的作用下，依靠楔块斜面与楔套内孔斜面自动将钢丝绳锁紧，如图5-12所示。这种组合方式具有拆装方便的优点，不必用巴氏合金浇灌，使安装绳头更方便，工艺更简单。

图 5-11 楔锁型

a) 套入楔套

b) 靠钢丝绳的拉力锁紧

图 5-12 楔套型

【工程施工】

对重装置和曳引钢丝绳安装流程见表5-1。

表 5-1 对重装置和曳引钢丝绳安装流程

序号	步骤名称	图例	安装说明
1	放置对重架		把对重架卡在导轨中间，并搁置在垫木上，垫木的高度等于缓冲距离

（续）

序号	步骤名称	图例	安装说明
2	安装导靴		安装 4 个对重导靴
3	放对重块		放置合适数量的对重块
4	测量距离	曳引距离 $X = \overparen{MEFN}$ 测量两钢丝绳锥套间曳引距离X的方法	测量轿厢顶部钢丝绳锥套至对重顶部钢丝绳锥套间的距离
5	计算长度		单绕式 $L = (X + 2Z + Q)(1 - a)$ 复绕式 $L = (X + 2Z + 2Q)(1 - a)$ L——实际截取曳引绳总长 X——两钢丝绳锥套间曳引距离 Z——钢丝绳在锥体内的长度 Q——轿厢在顶层安装时垫起的高度 a——钢丝绳伸长系数

（续）

序号	步骤名称	图例	安装说明
6	准备截取		量好钢丝绳的长度，在需截断处用20#铅丝绑扎钢丝绳
7	截绳		用切割机截断钢丝绳
8	制作绳头方法一		用巴氏合金制作绳头 绳头用巴氏合金浇注密实、饱满、平整一致 一次浇注完成，并能观察到绳股的弯曲符合要求
9	制作绳头方法二		将曳引钢丝绳穿入套筒，绕过楔形块，使楔形块与套筒内孔楔面在曳引绳受力的作用下而自动锁紧曳引绳，曳引绳两端折回一段与原钢丝绳结合处设有绳夹，在曳引绳受力并缩紧后拧紧绳夹
10	固定钢丝绳		把4根或以上钢丝绳分别固定在轿厢和对重上。调整4根绳头弹簧高度，使其一致，误差小于2mm

【工程验收】

对重装置和曳引钢丝绳的验收可参考表5-2进行。

表5-2 对重装置和曳引钢丝绳的验收

序号	验收要点	图例
1	对重架有反绳轮时，反绳轮应设置防护装置和挡绳装置，对重块要固定可靠	
2	对重块固定在一个框架内，对于金属对重块，且电梯额定速度不大于1m/s，则至少要用两根拉杆将对重块固定住	
3	对重或平衡重上装有绳轮（或链轮）时，应有防护装置防止： 1）钢丝绳或链条因松弛而脱离绳槽或链轮 2）异物进入绳与绳槽或链与链轮之间	

（续）

序号	验收要点	图例
4	绳头组合必须安全可靠，且每个绳头组合必须安装防螺母松动和脱落的装置 钢丝绳应擦拭干净、严禁有死弯、松股、锈蚀断丝现象，各钢丝绳的张力互差值不大于5%	
5	钢丝绳最少应有两根，每根钢丝绳或链条应是独立的；若采用复绕法，应考虑钢丝绳的根数而不是其下垂根数。当轿厢悬挂在两根以上钢丝绳上时，其中一根钢丝绳发生异常相对伸长时，为此而设的电气安全开关应动作可靠	

【维护保养】

对重装置和曳引钢丝绳的维护保养要求可参考表5-3。

表5-3　对重装置和曳引钢丝绳的维护保养要求

序号	维保要求	图例
1	检查曳引钢丝绳应符合规定要求，表面应无过多油污、杂质	
2	如发现钢丝绳有干枯或生锈现象，应用有少量机油的油布涂抹	

（续）

序号	维保要求	图例
3	钢丝绳不应有断股、过量断丝和磨损现象，如有异常应立即处理	
4	用拉力器测量各绳的张力应均等，平均值偏差不超过5%，如有异常应立即处理	
5	对重导靴与导轨顶面间隙应保持在1～4mm，如超标应及时调整	
6	如靴衬磨损过大无法达到以上标准要求，应及时更换靴衬	

【情境解析】

情境一：钢丝绳污损。

解析：钢丝绳在存放时场地不干净；在电梯初投入运行时井道内外环境常有灰尘、沙土、小石子等异物落到钢丝绳上；钢丝绳表面有污秽、油脂会沾住灰沙等，造成生锈。在钢丝绳与曳引轮和导向轮接触摩擦过程中，因为这些沙尘、石子的存在，加速了钢丝绳的磨损。随着时间的增长，可能会出现断丝、断股、断绳现象。

情境二：钢丝绳张力不均。

解析：原因可能是每根钢丝绳的张紧弹簧的受力不均。钢丝绳张力不均会导致每根钢丝绳与曳引轮和导向轮的摩擦力不一样。张力大的绳子摩擦力大，对轮的压力增大。长此以往，张力大的绳子会因为超额负重而断掉。

【特种设备作业人员考核要求】

【对接国标】

【知识梳理】

任务二　缓冲器、限速器张紧轮、张紧绳的安装与维保

【任务描述】

在电梯井道底坑中安装缓冲器、限速器张紧轮和悬挂张紧绳。通过完成此任务，掌握缓冲器和限速器张紧轮的结构特点、安装方法、注意事项等，同时掌握张紧绳的悬挂方法、工作特点和维护保养事项。张紧装置如图 5-13 所示，缓冲器如图 5-14 所示。

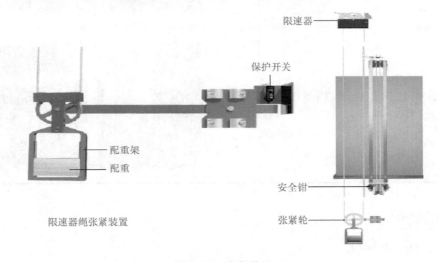

图 5-13　张紧装置

图 5-14 缓冲器

【知识铺垫】

一、缓冲器

缓冲器位于行程端部，是用来吸收轿厢或对重动能的一种缓冲安全装置，如图 5-15 所示。

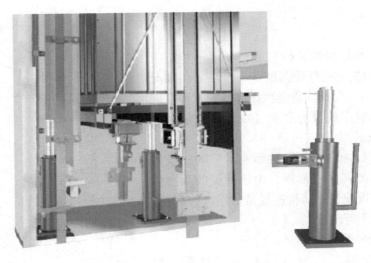

图 5-15 缓冲器安装位置

缓冲器应设置在轿厢和对重的行程底部极限位置。一般缓冲器均设置在底坑内，如果缓冲器随轿厢或对重运行，则在行程末端应设有与其相撞的支座，支座高度至少为 0.5m。

二、缓冲器分类

缓冲器分为蓄能型缓冲器和耗能型缓冲器两种，如图 5-16 所示。

1. 蓄能型缓冲器

蓄能型缓冲器是指弹簧缓冲器，如图 5-17 所示，用于额定速度小于或等于 1m/s 的电

a) 蓄能型缓冲器

b) 耗能型缓冲器

图5-16 蓄能型缓冲器和耗能型缓冲器

梯。蓄能型缓冲器达到的总行程应至少等于相应于115%额定速度的重力制停距离的2倍。在任何情况下，此行程不小于65mm。蓄能型缓冲器的行程应能承受轿厢质量与额定载重量之和（或对重质量）的2.5~4倍的静载荷。

当缓冲器受到冲击后，使轿厢或对重的动能和势能转化为弹簧的弹性变形能，由于弹簧的反力作用，使轿厢或对重减速，其构造通常由缓冲橡胶垫、缓冲弹簧、弹簧座等组成。

2. 耗能型缓冲器

耗能型缓冲器是指液（油）压缓冲器，如图5-18所示，实物如图5-19所示，可用于任何额定速度的电梯，耗能型缓冲器达到的总行程应至少等

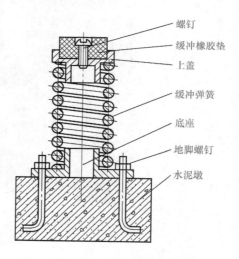

图5-17 蓄能型缓冲器

于相应于115%额定速度的重力制停距离。在任何情况下，缓冲器的行程不应小于420mm。耗能型缓冲器应满足：当载有额定载荷的轿厢自由下落，并以设计缓冲器时所取的冲击速度作用到缓冲器上时，平均减速度不应大于1g，减速度超过2.5g以上的作用时间不应大于0.04s。

耗能型缓冲器是为缓解轿厢或对重的冲击，消耗其动能，利用液体流动的阻尼作用原理设计的缓冲器。当轿厢或对重撞击缓冲器时，柱塞向下运动，压缩液压缸内的油，使油通过

右侧标注：螺钉、缓冲橡胶垫、上盖、缓冲弹簧、底座、地脚螺钉、水泥墩

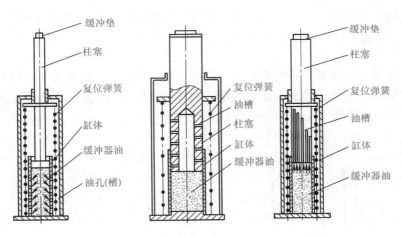

图 5-18　耗能型缓冲器

节流孔外溢，在制停轿厢或对重过程中，使动能转化为油的热能，即消耗了电梯的动能，使电梯以一定的减速度逐渐停止下来。当轿厢或对重离开缓冲器时，柱塞在复位弹簧的作用下，向上复位，油重新流回液压缸内。由于液压缓冲器是以消耗能量的方式实行缓冲的，因此无回弹作用。液压缓冲器具有缓冲平稳、有良好的缓冲性能的优点，在使用条件相同的情况下，液压缓冲器的形成可以比弹簧缓冲器减少一半，所以液压缓冲器适用于快速和高速电梯。

缓冲器通常在下述情况下起作用：当电梯轿厢到下端站时，虽然端站停车、限位、极限开关都已动作，但是，

图 5-19　耗能型（液压）缓冲器实物

由于电梯超载、钢丝绳打滑或制动器失灵等原因，轿厢未能在规定的距离内制停，发生失控后下冲撞底，这时底坑内的轿厢缓冲器就与轿厢接触，衰减轿厢重量对底坑的冲击，并使其制停；当电梯轿厢行驶到顶部端站时，由于顶部极限开关失灵，形成冲顶，这时对重落到底坑内的对重缓冲器上，对重缓冲器即起到缓冲作用，使轿厢避免冲击楼板。

三、缓冲器的数量

缓冲器的数量要根据电梯的额定速度和额定载重量确定。一般电梯会设置 3 个缓冲器，即轿厢下设置两个缓冲器，对重下设置一个缓冲器。

安装缓冲器底座首先测量底坑深度，按缓冲器数量全面考虑布置，检查缓冲器底座与缓冲器是否配套，并进行试组装，确定其高度，无问题时方可将缓冲器安装在导轨底座上。没有导轨底座时，可采用混凝土基座或加工型钢基座。如采用混凝土底座，则必须保证不破坏

井道底的防水层，避免渗水后患，且需采取措施，使混凝土底座与井道底连成一体。

四、张紧装置

限速器张紧装置由张紧轮和配重组成，如图 5-20 所示。张紧装置的作用是使绳索与绳轮之间具有足够的压紧力，使绳索能准确反映电梯的实际运行速度。为此，限速器绳每一部分的张力应不小于 150N。预张紧是靠张紧装置实现的。

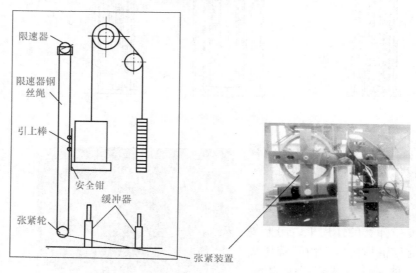

图 5-20 张紧装置安装位置

张紧装置一般分为悬挂式和悬臂式两种，如图 5-21 所示。

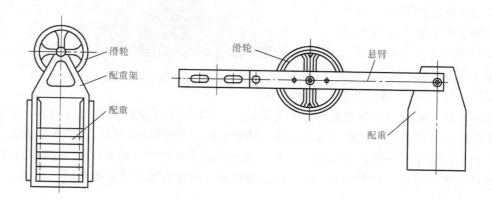

图 5-21 悬挂式和悬臂式张紧装置

五、悬臂式张紧装置

为了补偿限速器在工作中的伸长，张紧装置必须是浮动结构，同时张紧装置的最低部离井道底坑应有合适高度。在张紧装置上必须设断绳电气安全开关，一旦绳索破断或过度伸长时装置下跌,安全开关动作,切断电梯控制电路,如图 5-22 所示。

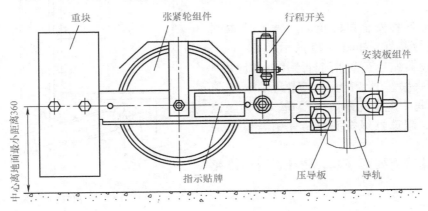

图 5-22 悬臂式张紧装置

为了防止限速器绳过分伸长使张紧装置碰到地面而失效,张紧装置底部距底坑应有合适的高度:低速电梯为(400±50)mm,快速电梯为(550±50)mm,高速电梯为(750±50)mm。张紧轮安装在张紧装置支架轴上,可以灵活地转动。调整重块的数量就可以调整限速器绳的张力。要求限速器动作时,限速器绳的张力大于安全钳启动时所需力的 2 倍,且不小于 300N。

六、安装限速器张紧装置及限速器绳、限速器

1)直接把限速器绳挂在限速轮和张紧轮上进行测量,根据所需长度断绳,做绳头,做绳头的方法与主钢绳绳头相同,然后将绳头与轿厢安全钳拉杆板固定,固定限速器绳头如图 5-23 所示。

2)限速器绳至导轨导向面与顶面两个方向的偏差 a、b 均不得超过 10mm,如图 5-24 所示。

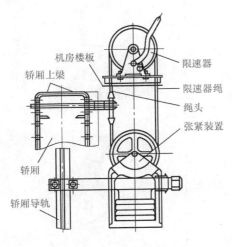

图 5-23 固定限速器绳头

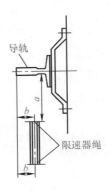

图 5-24 限速器绳与导轨位置偏差

3）限速器绳张紧轮（或其配重）应有导向装置。

4）轿厢各种安全钳的止动尺寸 F 应根据产品要求进行调节，如图5-25所示。

5）限速器绳与安全钳连杆连接时，应用3只钢丝绳卡夹紧，绳卡的压板应置于钢丝绳受力的一边。每个绳卡间距应大于 $6d$（d 为限速器绳直径），限速器绳短头端应用镀锌铁丝加以扎结。

6）限速器绳要无断丝、锈蚀、油污或死弯现象。

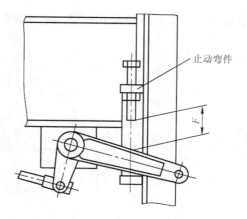

图5-25　轿厢的止动尺寸

【工程施工】

限速器张紧装置、缓冲器的安装工艺流程见表5-4。

表5-4　限速器张紧装置、缓冲器的安装工艺流程

序号	步骤名称	安装说明	图例
1	安装缓冲器	把缓冲器用螺栓固定在底坑的缓冲器底座上	
2	安装张紧装置	把张紧装置固定在导轨的合适高度上	
3	悬挂张紧绳	在机房的限速器轮、轿厢架、张紧轮之间悬挂限速器绳	

【工程验收】

限速器张紧装置安装验收的要求可参考表5-5。

表5-5　限速器张紧装置安装验收

序号	验收要求	图例
1	限速器张紧装置与其限位开关相对位置安装正确,安全开关动作可靠。安全开关的安装位置必须正确,以确保在限速器绳张紧装置下落大于50mm时开关可靠动作,并使电梯停止运行	
2	限速器及其张紧轮应有防止钢丝绳因松弛而脱离绳槽的装置 限速器绳应张紧,在运行中不应与轿厢或对重等部件相碰触 当绳沿水平方向或在水平面之上以与水平面不大于90°的任意角度进入限速器或其张紧轮时,应有防止异物进入绳与绳槽之间的装置	
3	安全开关、限位开关在其动作时,不能造成自身的损坏或接点接地、短路等现象 限速器绳张紧装置应有足够重量,以保证将钢丝绳拉直,防止误动作。限速器绳张紧装置的重量不应小于30kg	坠铁与地面的距离过小

（续）

序号	验收要求	图例
4	缓冲器应设置在轿厢和对重的行程底部极限位置。蓄能型缓冲器（包括线性和非线性）只能用于额定速度小于或等于1m/s的电梯。液压缓冲器柱塞垂度误差不应大于0.5%，充液量应正确 耗能型缓冲器可用于任何额定速度的电梯。轿厢在两端站平层位置时，轿厢、对重的缓冲器撞板与缓冲器顶面间的距离符合设计要求。轿厢、对重的缓冲器撞板中心与缓冲器中心偏差不应大于20mm	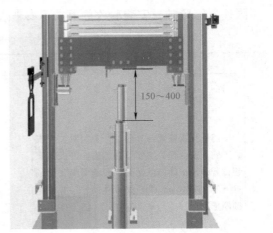
5	限速器张紧装置距电梯底坑之间尺寸要符合要求 | 电梯额定速度/（m/s）	距底坑尺寸/mm | |---|---| | $2.0 < v \leqslant 2.5$ | 750 ± 50 | | $1.0 < v \leqslant 2.0$ | 550 ± 50 | | $v \leqslant 1.0$ | 400 ± 50 |	

【维护保养】

限速器张紧装置的维护保养要点参考表5-6。

表5-6　限速器张紧装置的维护保养

序号	维保要点	图例
1	检查底坑应清洁无积水、无渗水、无杂物，除电梯相关物品外不得放置其他物品	

（续）

序号	维保要点	图例
2	检查限速器张紧装置安装位置应适当，限速器绳松紧应合适，不会导致松绳开关误动作，如有移位应立即调整	
3	张紧轮应加少量润滑油并擦净，应无挂痕，确保张紧轮转动灵活、无异响	
4	检查松绳开关在合适的位置，并确保其不会误动作	
5	张紧轮轴处应加少量润滑油并擦净无挂痕，确保张紧轮转动灵活、无异响	

（续）

序号	维保要点	图例
6	松绳开关在合适的位置，并确保其不会误动作	
7	检查液压缓冲器充液量应适当，如有漏油或油量不够，应及时处理或加油	
8	液压缓冲器应固定可靠，无生锈、腐蚀现象	
9	测量对重撞板与缓冲器距离，蓄能型为200～350mm，耗能型为150～400mm，距离超标时应及时调整	

【情境解析】

情境一：安装工人不了解悬挂限速器绳的正确步骤。

解析：正确顺序为①从限速器绳轮动作端的孔向井道放下钢丝绳，与轿厢的安全钳拉杆上端相连接，钢丝绳穿过上端的楔铁绳头，裹住绳头内的"鸡心块"汇出，用绳夹固定；

②从限速器绳轮另一端的孔向井道放下钢丝绳，钢丝绳围绕张紧轮后汇向安全钳拉杆下端，钢丝绳穿过下端的楔铁绳头，裹住绳头内的"鸡心块"汇出，用绳夹固定。

　　情境二：限速器绳过松。

　　解析：新装电梯可适当紧些，使张紧轮横臂有些上翘，随着钢丝绳自然伸长，最终会使张紧轮横臂趋于水平。如果限速器绳太松，会由于其自然伸长而使张紧轮横臂下摆碰触断绳开关，引起电梯急停的误动作。

【特种设备作业人员考核要求】

【对接国标】

任务三　端站开关、井道照明灯、底坑急停开关的安装与维保

【任务描述】

　　在电梯井道的合适位置安装端站保护开关（上极限开关、上限位开关、上强迫减速开关、下强迫减速开关、下限位开关、下极限开关）、井道照明等电气设备，通过本任务，掌握井道中各电气设备的功能作用、固定方法、安装位置、验收标准等，学会如何根据国家标准和行业规范安装这些设备。

【知识铺垫】

　　电梯井道内的主要电气设备有线管、线槽、接线箱、端站保护开关、层门门锁和井道传感器等，井道电气布置图如图5-26所示。

一、端站保护开关

　　端站保护开关的功能是防止由于电梯电气系统失灵，轿厢到达顶层或底层后仍继续行驶（冲顶或蹲底），造成超越行程的运行事故。端站保护开关主要包括强迫减速开关、限位开关、极限开关等三个开关，分上、下两组。从上至下的排列顺序是上极限开关、上限位开关、上强迫减速开关、下强迫减速开关、下限位开关、下极限开关。端站保护开关使用可自动复位的滚轮式行程开关。

　　端站保护开关的安装是在测量好的位置上，用角钢做好支架，安装在导轨的背面，角钢伸出导轨的长度一般不大于500mm。将强迫减速开关、限位开关、极限开关用螺栓固定在角铁的端部，并使其垂直。

　　端站保护开关安装在井道上端站和下端站附近，尽可能在接近端站时起作用而无误动作危险的位置上。图5-27是下端站保护开关，上端站保护开关的位置与其相反。

1. 强迫减速开关

　　强迫减速开关是为防止电梯失控时造成冲顶或蹲底的第一道防线。它由上、下两个开关组成，分别装在井道的顶部和底部。当电梯出现失控，轿厢已到达顶层或底层而不能减速停

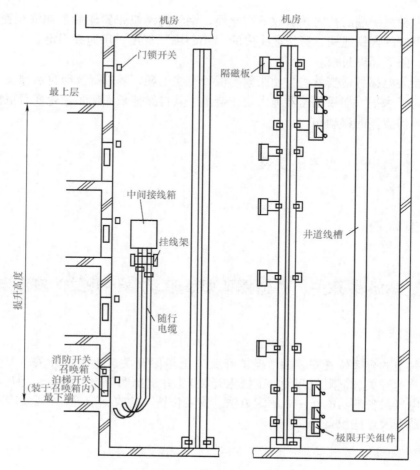

图 5-26   井道电气布置图

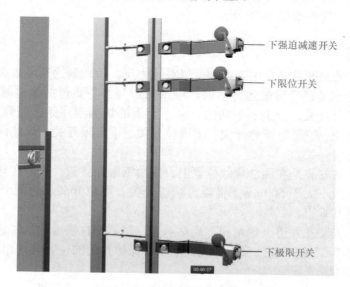

图 5-27   下端站保护开关

车时，装在轿厢上的打板就会随轿厢的运行而与强迫减速开关的碰轮相接触，使开关内的接点发出指令信号，强迫电梯减速停驶。强迫减速开关调节高度以轿厢在两端站刚进入自平的同时，切断顺向快车控制回路为准。

2. 限位开关

限位开关是为了防止电梯冲顶或蹲底的第二道防线。它由上、下两个开关组成，分别装在强迫减速开关上、下方。当轿厢地坎超越上下端站地坎 50～100mm，而强迫减速开关又未能使电梯减速停车时，上限位开关或下限位开关动作，切断运行方向继电器电源。这时电梯只能应答层楼反方向召唤信号，并向相反方向运行。限位开关不论电梯运行速度的快、慢均设一只，起到限制轿厢超越行程的作用。限位开关调节高度则以电梯在两端停平时，刚好切断顺向慢车控制回路为准。

3. 极限开关

当电梯失控后，如果第一道、第二道防线均不能使电梯停止运行，轿厢的上、下开关打板就会随着电梯的继续运行去碰撞安装在井道内的极限开关，断开电梯主电源，迫使电梯立即停止运行。极限开关一般用在交流电梯中，越过轿厢平层位置150mm时起作用。

极限开关应尽可能在接近端站时起作用而无误动作危险位置上。当轿厢运行超过端站时，用于切断控制电源。极限开关必须在轿厢或对重未触及缓冲器之前动作，并在缓冲器被压缩期间保持动作状态。极限开关动作后，电梯应不能自动恢复运行。对强制驱动的电梯，用强制的机械方法直接切断电动机和制动器的供电回路；对于可变电压或连续调速电梯，极限开关应能迅速地在最短时间内使电梯驱动主机停止运转。

二、井道照明

由底坑往上0.5m起至井道顶端安装的照明灯具，每两灯之间的间隔最大不应超过7m，井道顶部0.5m内应设一盏照明灯具。井道照明电压采用36V安全电压，有地下室的电梯也应采用36V安全电压作为井道照明。井道照明灯具的安装位置应选择井道中与电梯的活动部件保持安全距离且不影响电梯正常运行的位置。井道照明灯安装位置如图5-28所示，井道照明灯安装如图5-29所示。

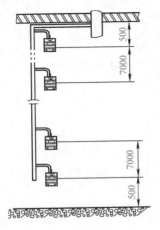

图5-28 井道照明灯安装位置

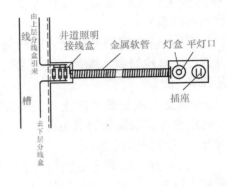

图5-29 井道照明灯安装

井道照明灯具配线采用 25mm 塑料线槽敷设，照明灯电源接至机房低压供电箱内，通过其开关可控制井道照明。各灯具外壳要求可靠接地。井道照明开关设在机房和底坑，并都能单独控制。

三、底坑检修盒

底坑检修盒上有一只红色的电梯停止开关，是为了保证进入底坑的电梯检修人员的安全而设置的，应装在检修人员开启底坑门后就能方便地摸到的位置，如图 5-30 所示。此开关应为双稳态，非自动复位式，即关闭后手放开能保持关闭状态，此时应不能再操纵电梯运行。

底坑检修盒上通常还设有 AC 220V 和 AC 36V 电源插座，供修理时插接电动工具。如果在底坑能操纵电梯上下行是很危险的，所以，底坑检修盒没有"慢上"与"慢下"按钮，这一点与机房检修盒、轿顶检修盒、轿内检修盒不同。底坑检修盒的安装位置如图 5-31 所示。

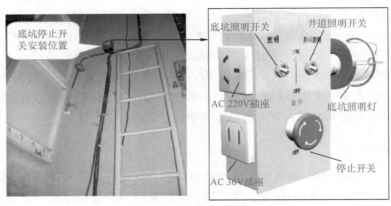

图 5-30　底坑检修盒

底坑检修盒的安装要求：

1）检修盒的安装位置距厅门口不应大于 1m，应选择距接线盒较近、操作方便、不影响电梯运行的地方。

2）底坑检修盒用膨胀螺栓或塑料胀塞固定在井道壁上。检修盒、线管、线槽之间都要跨接地线。

3）检修盒上或近旁的停止开关的操作装置，应是红色非自动复位的双稳态开关，并标以"停止"字样加以识别。

4）在检修盒上或附近适当的位置，需装设照明和电源插座，照明应加设控制开关，照明应采用 36V 电压，电源插座选用 2P + PE250V 型，以供维修时插接电动工具使用。

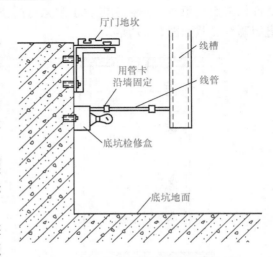

图 5-31　底坑检修盒安装位置示意图

5）检修盒上各开关、按钮要有中文标识。

【工程施工】

井道端站保护开关和井道照明灯安装工艺见表5-7。

表 5-7　井道端站保护开关和井道照明灯安装工艺

步序	步骤名称	安装步骤图示	安装说明
1	确定照明灯的安装位置	<div>≤0.5m</div><div>≤7m</div><div>≤0.5m</div><div>中间两盏灯之间间隔不大于7m</div>	距离井道顶端和底端0.5m处安装一个照明灯，中间每隔7m安装一个照明灯
2	安装井道照明		井道壁上合适位置从总线槽引出一个小线槽至井道灯处，在合适位置打入膨胀螺栓用来固定照明灯
3	固定端站保护开关	上极限开关 上限位开关 上强迫减速开关	强迫减速及限位开关安装时，应先将开关装在支架上，然后将支架用压导板固定于轿厢导轨的相应位置上 极限开关通常安装在轿厢地坎超越上、下端站地坎250mm处，限位开关安装在轿厢地坎超越上、下端站地坎50～100mm以内

（续）

步序	步骤名称	安装步骤图示	安装说明
经验寄语：此处的分支接线最好使用软管保护			
4	固定检修盒底座		把检修盒底座的安装孔对准墙壁上的4个膨胀螺栓，并用螺母固定好

【工程验收】

把井道中的电气设备全部安装到位后，按照表5-8的内容进行验收。

表5-8　井道电气设备安装验收

序号	验收内容	参考图例
1	开关安装应牢固，不得焊接固定，安装后要进行调整，使其碰轮与磁铁可靠接触，开关触点可靠动作，碰轮沿碰铁全长移动不应有卡阻，且碰轮略有压缩余量。碰轮距碰铁边不小于5mm，当碰铁脱离碰轮后其开关应立即复位	
2	碰铁一般安装在轿厢侧面，碰铁应无扭曲、变形，表面应光滑，安装后调整其垂直偏差不大于长度的1/1000，最大偏差不大于3mm（碰铁的斜面除外）	

【维护保养】

井道端站保护开关和井道照明灯的维护保养要求见表5-9。

表5-9 井道端站保护开关和井道照明灯的维护保养

序号	维保要求	图例
1	上、下强迫减速开关应动作灵活、功能正确且可靠	
2	上、下限位开关应在极限开关动作前动作且可靠	
3	极限开关应在碰撞缓冲器之前动作且可靠	
4	各开关动作灵活可靠，各开关与碰板距离适当，如有异常应立即处理	

【情境解析】

情境一：施工时，强迫减速开关、限位开关和极限开关的安装位置不合适。

解析：实际上，电梯正常运行至上、下端站时，应该在平层之前碰到强迫减速开关，强迫电梯减速，防止冲顶或蹲底。电梯正常运行时，不能碰到限位开关和极限开关。但是，当强迫减速开关不起作用，轿厢在冲顶或蹲底之前要碰到限位开关。如果限位开关仍然失灵，在轿厢冲顶或蹲底之前要碰到极限开关，断开电梯动力电路。

情境二：平层感应器和隔磁板的重合深度不符合要求。

解析：隔磁板没有处在平层感应器的中间位置，偏离太大。可能导致平层信号变差或者得不到平层信号。

【特种设备作业人员考核要求】

【对接国标】

【知识梳理】

任务四 井道线路布置与维保

【任务描述】

在电梯井道中敷设线槽、线管和线缆，主要包括从控制柜到层门门锁、呼梯盒、端站保护开关、消防开关的布线以及随行电缆的悬挂和连接。通过本任务，掌握井道布线的方法和步骤、验收标准等，学会如何根据国家标准和行业规范进行井道布线。电梯井道布线关系如图5-32所示。

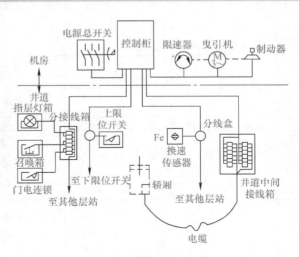

图 5-32 井道布线关系

【知识铺垫】

电梯井道及轿厢所有电气设备均需与机房控制柜和电源连接，所以在电梯井道内需要通过线管、线槽及电缆线连接，在井道内的线管、线槽、接线盒与可以动的轿厢、对重、钢丝绳、软电缆等的距离在井道内不应小于100mm。电梯井道内严禁使用可燃性材料制成的线管或线槽。

一、接线盒

电梯中使用的接线盒可分为总接线盒，中间接线盒，轿顶、轿底接线盒和层楼分线盒等。如图5-33所示，总接线盒可安装于机房、隔音层内，或安装在上端站地坎向上3.5m的井道壁上。中间接线盒应装于电梯正常提升高度1/2加高1.7m的井道壁上。装于靠层门一侧时，水平位置宜在轿厢地坎与安全钳之间。但如果电缆直接进入控制柜时，可不设以上两接线盒。

层楼分线盒应安装于每层层门靠门锁较近侧的井道内墙上，第一根线管与层楼显示器管道同一高度。各接线盒安装后应平整牢固不变形。

二、电缆架及电缆

随行电缆是连接于运行的轿底部与井道固定点之间的电缆，随行电缆架是架设随行电缆的部件。

安装井道电缆架时，应注意电缆避免与限速器绳，极限开关、限位开关、减速开关支架，传感器支架及对重安装在同一垂直交叉位置。

井道电缆架应安装在电梯正常提升高度 1/2 加 1.5m 的井道壁上，电缆架安装位置示意图如图 5-34 所示。如电缆直接进入机房时，此架应安装在井道顶部的墙壁上，但要在提升高度 1/2 加 1.5m 的井道壁上设置电缆中间固定卡板，以减少电缆运行中的晃动。轿底电缆架的方向应与井道内电缆架方向一致，并使电梯电缆位于底坑时能避开缓冲器，且保持一定距离，电缆架固定点应牢固可靠，安装后应能承受电缆的全部重量。

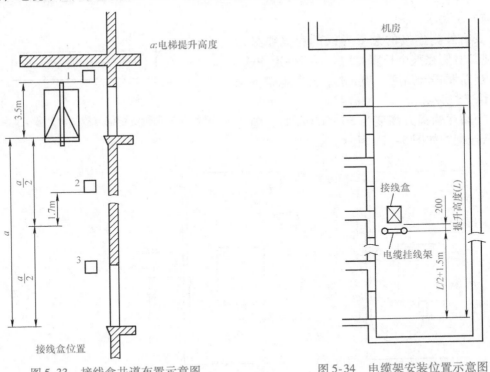

图 5-33　接线盒井道布置示意图　　　　图 5-34　电缆架安装位置示意图
1、2、3—接线盒

电缆与电缆架的固定均应符合国标规定，电缆绑扎应均匀、牢固、可靠，其绑扎长度为 30～70mm。电缆的长度为轿厢在下端站全部压缩缓冲器后略有余量，但也不宜太长，以免碰到底坑地面而磨损。轿底电缆架的位置应根据电缆线的粗细而定。电缆线的移动弯曲半径，对 8 芯电缆应不小于 500mm，对 16～24 芯电缆应不小于 800mm。如电梯采用多种规格的电缆共用时，应以最大移动弯曲半径为准。

常用的随行电缆有扁形和圆形两种，扁形随行电缆型号用 TVVB 表示，圆形随行电缆型号用 TVV 表示。一般均采用扁形随行电缆，如图 5-35 所示。

扁形随行电缆两侧绝缘线芯的导体可由铜线和钢线组成。这些导体的标称几何截面积应与其他导体截面积相等，其最大电阻应不大于相同标称截面积铜导体最大电阻的两倍。

图 5-35　扁形随行电缆

扁形随行电缆适用于安装在自由悬挂长度不超过 35m 及移动速度不超过 1.6m/s 的电梯和升降机，当电缆适用范围超过上述限制时，应增加承拉元件。电缆正常使用时承受的最高温度为 70℃。

三、安装接线盒及随行电缆架

中间接线盒用膨胀螺栓固定在墙壁上。在中间接线盒底面下方 200mm 处安装随行电缆架，如图 5-36 所示。固定随行电缆架要用两个以上（视随行电缆重量而定）不小于 $\phi16mm$ 的膨胀螺栓，以保证其牢固度。

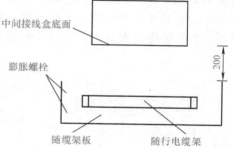

图 5-36　随行电缆架与接线盒位置关系图

电缆安装要求：

1）具有外侧连接的悬垂导线的扁电缆必须安装成使其宽侧在整个长度内均平行于井道侧壁。

2）当轿厢提升高度≤50m 时，随行电缆的悬挂如图 5-37a 所示。

3）当轿厢的提升高度为 50～150m 时，随行电缆的悬挂配置如图 5-37b 所示。

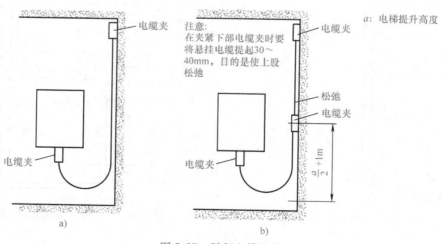

图 5-37　随行电缆悬挂

4）随行电缆的长度应根据中线盒及轿底接线盒实际位置加上两头电缆支架绑扎长度及接线余量确定，保证在轿厢蹲底或冲顶时不使随行电缆拉紧，在正常运行时不蹭轿厢和地面；蹲底时随行电缆距地面 100～200mm 为宜。截电缆前，模拟蹲底确定其长度为宜。随行电缆固定方法如图 5-38 所示。

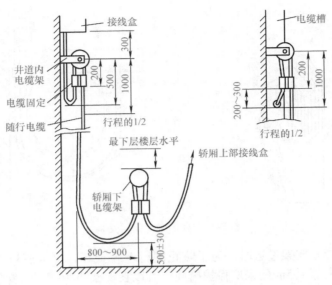

图 5-38　随行电缆固定方法

5）挂随行电缆前应将电缆自由悬垂，使其内应力消除。多根随行电缆不宜绑扎成排。安装后不应有打结和波浪扭曲现象，多根电缆安装后长度应一致，且多根随行电缆运动部分不宜绑扎成排，以防因电缆伸缩量不同导致电缆受力不均。

6）用塑料绝缘导线（BV1.5mm^2）将随行电缆牢固地绑扎在随行电缆支架上，其绑扎应均匀、可靠，绑扎长度为 30 ~ 70mm，不允许用铁丝和其他裸导线绑扎。绑扎处应离开电缆架钢管 100 ~ 150mm。随行电缆在轿底的固定方法如图 5-39 所示，在轿底的固定方法如图 5-40 所示。

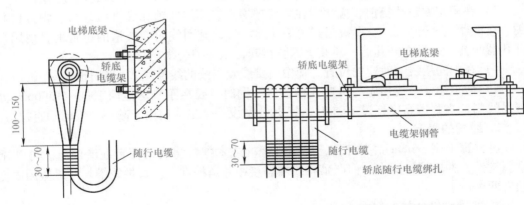

图 5-39　随行电缆在电缆架上的固定方法　　　　图 5-40　随行电缆在轿底的固定方法

7）扁形随行电缆可重叠安装，重叠根数不宜超过 3 根，如图 5-41 所示。每两根之间应保持 30 ~ 50mm 的活动间距。扁形电缆的固定应使用楔形插座或专用卡子。

8）电缆入接线盒应留出适当余量，压接牢固，排列整齐。

9）对于电缆的不运动部分（1/2 提升高度 + 1.5m 以上），每个楼层且不超过 3m 要有一个电缆固定点，每根电缆要用电缆卡子固定在电缆架或井道壁上。

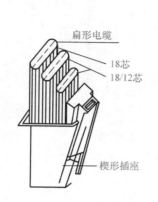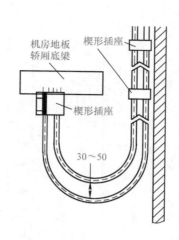

图 5-41　扁形电缆固定安装

10）当电缆距导轨支架过近时，为了防止随行电缆损坏，可自底坑向上每个导轨支架外角处至高于井道中部 1.5m 处采取保护措施。可以在支架边焊螺母，穿铅丝到底坑，并在底坑固定将铅丝张紧。

四、敷设井道线槽、线管线缆

井道是连接机房、轿厢、层站电气设备及元件的通道，所以井道内的线缆要把各层门电锁、呼梯盒、层楼显示装置及井道电气设备与机房控制柜连接起来。

1. 井道线槽敷设

1）线槽应敷设于导轨与层门之间靠近呼梯盒的井道壁上。在顶层楼板下紧贴墙边处放一条铅垂线，作为安装线槽的垂直定位依据，并按井道土建图所示尺寸进行安装定位。

2）最底下一条线槽距离底坑地面净距离为 400～500mm，线槽的底端应封闭。

3）在固定井道线槽前，应注意在各层呼梯盒、厅门联锁和底坑检修盒、张紧轮断绳开关、缓冲器电气开关、上/下极限开关等井道电气设施引线对应线槽的位置上，使用合适的开孔器开孔，并且在开孔后，需装上橡胶衬套，以保护引线。

4）在中间接线盒对应的位置，把中间接线盒引线的线槽"T"形引出。

5）最顶端一条线槽应与机房线槽连接。同时，要在距机房地面 1000～1500mm 处，设置吊线闩，当井道高度超过 30m 时，每 30m 增设一个吊线闩用于减小导线的垂直拉力。

2. 线槽的固定

在井道上用 ϕ6mm 钻头打孔，用膨胀螺栓或木螺钉将线槽固定在墙壁上。可利用井道金属构件，并用螺栓固定，但严禁将线槽焊接在井道构件上。每根线槽与井道壁的固定点必须有两个以上。

3. 线槽敷设的其他要求

线槽应平整，无扭曲变形，内侧无毛刺；安装后应横平竖直，其水平度及垂直度误差应在 4% 以内，且全长偏差在 20mm 以内；接口应封闭，转角应圆滑；线槽盖应齐全，盖好后应平整无翘角，每条线槽盖至少应有 6 枚螺钉把线槽盖紧固在线槽上；线槽弯角处应设置橡胶板；出线口应无毛刺，位置准确，并应有保护引出线的防护物。

4. 井道线路敷设

在井道中使用厂家提供的指定电缆，现在很多电梯在井道内所使用的电缆均为生产厂家指定配套线缆，无需安装人员再截取导线。而且在电梯的厅门联锁和楼层显示线路中均采用插接连接方式，如图5-42所示。此外对于端站开关和底坑电气设备均采用专用线缆连接。

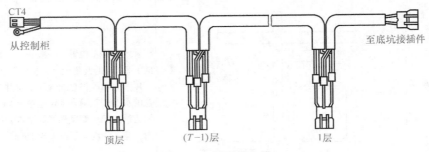

图5-42　门联锁电缆

5. 线缆的连接

1）将配线电缆盘起来放置在轿顶，电缆的端部将被拉升至机房，将轿厢运行至顶层。此时，需在机房之中，必要时在距离顶层1000mm的地方做标记。

2）一人在机房拉升电缆的一头通过槽孔直至机房（连接到控制柜中去）。在机房中的工人必须接到电缆一头，然后通过槽孔将电缆引进控制柜中去。此时，在轿顶的工人必须慢慢向下运动轿厢，直到轿厢到达指定位置（即在先前指定的1000mm的地方，以便工人能进行支架安装工作）。

3）在机房的工人需拉出电缆，务必注意在井道中的电缆不能弯曲，然后用机房中的线槽固定，同时要把线缆理出适当的余量。

4）从机房中拉直电缆，然后在标记处的电缆分线盒处固定支架。支架固定完成之后，用螺栓和板固定配线电缆，将配线电缆全部固定在井道顶部，如图5-43所示。

5）在顶层的工作完成之后，下移轿厢。

6）用电缆绑扎带扎牢配线电缆，将配线电缆的分配部分接到挂钩盒的上面去，如果电缆足够长，将剩余的部分也放进接线箱里。

7）门锁开关的接线。在连接之前，应检查接口的针是否直，如果不直，应将其拉直。

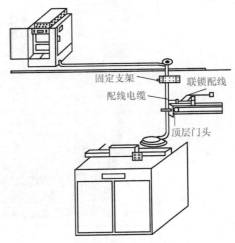

图5-43　井道线缆的连接

8）连接在楼层显示器和层门按钮中的电缆，楼层显示器包括按钮配线电缆。

9）因为顶层限位开关的接线位于井道顶部，配线电缆的一头应该接到控制柜上去，另一头应该通过槽孔下放到井道去。在轿顶的工人需将轿厢运行至顶层，然后固定好配线电缆，最后将它连接到上部的限位开关。

10）在轿顶的工人需将轿厢缓慢下行，完成每一层线路的连接与固定。

【工程施工】

井道布线施工可按照表5-10进行。

表 5-10 井道布线施工流程

步序	步骤名称	安装步骤图示	安装说明
1	安装总线盒	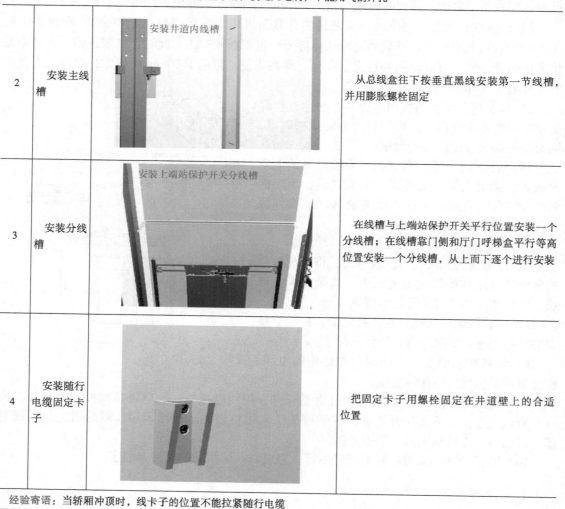	确定总线盒位置。一般安装在最上层站地坎向上 3.5m 的井道壁上，也可以装在机房中 用膨胀螺栓将总线盒固定在井道壁上，总线盒的水平度和垂直度偏差应 <1mm；总线盒通往线槽的部位要预先开好缺口，线槽应穿入盒内，穿入深度一般不大于 5mm
	经验寄语：总线盒位置确定后，从总线盒到底坑用墨斗在井道壁上弹出一条铅垂墨线，作为线槽敷设的基准线。线槽开口时应用铁锯或扁铲，然后用铁锉将口修整平滑，使之无毛刺，不能用气割开孔		
2	安装主线槽	安装井道内线槽	从总线盒往下按垂直黑线安装第一节线槽，并用膨胀螺栓固定
3	安装分线槽	安装上端站保护开关分线槽	在线槽与上端站保护开关平行位置安装一个分线槽；在线槽靠门侧和厅门呼梯盒平行等高位置安装一个分线槽，从上而下逐个进行安装
4	安装随行电缆固定卡子		把固定卡子用螺栓固定在井道壁上的合适位置
	经验寄语：当轿厢冲顶时，线卡子的位置不能拉紧随行电缆		

总线盒
轿厢
底线箱

楼层分线箱
楼层指示灯盒
呼梯按钮盒
3.5m
1.3~1.5m

（续）

步序	步骤名称	安装步骤图示	安装说明
5	安装固定随行电缆	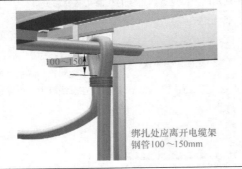 固定随行电缆	把随行电缆从机房穿过井道顶部的孔洞放到井道内，并在合适位置用卡子固定
		经验寄语：线卡子的楔块不能损伤随行电缆	
6	随行电缆在轿底的固定	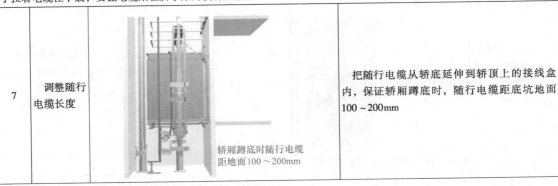 100~150 绑扎处应离开电缆架钢管100~150mm	把随行电缆固定在轿底电缆架上，绑扎结实
		经验寄语：放随行电缆时要戴帆布手套；不要让电缆进入脚手架内；边放边旋转电缆；由于电缆比较重，不能直接用手拉着电缆往下放，要让电缆架在脚手架的横竹上借力	
7	调整随行电缆长度	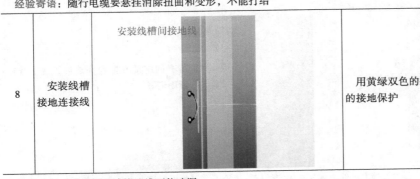 轿厢蹲底时随行电缆距地面100~200mm	把随行电缆从轿底延伸到轿顶上的接线盒内，保证轿厢蹲底时，随行电缆距底坑地面100~200mm
		经验寄语：随行电缆要悬挂消除扭曲和变形，不能打结	
8	安装线槽接地连接线	安装线槽间接地线	用黄绿双色的接地线连接线槽，做好线槽间的接地保护
		经验寄语：线槽间的跨接地线不能遗漏	

（续）

步序	步骤名称	安装步骤图示	安装说明
9	连接门锁线路	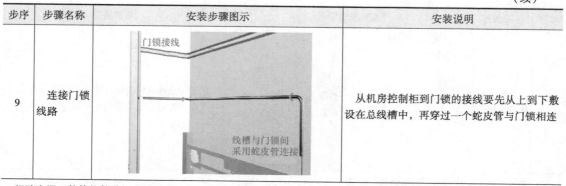	从机房控制柜到门锁的接线要先从上到下敷设在总线槽中，再穿过一个蛇皮管与门锁相连
	经验寄语：软管的敷设长度不要超过 1m，至少使用两个固定点，走线的线槽孔洞要加护口		
10	敷设连接呼梯盒线路	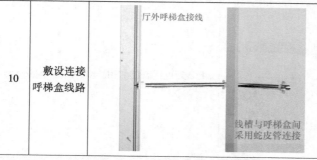	从机房控制柜到呼梯盒的接线也要先从上到下敷设在总线槽中，再穿过一个蛇皮管与呼梯盒相连
	经验寄语：从蛇皮管出来连接呼梯盒的线，通常用插件连接		
11	连接端站保护开关线路	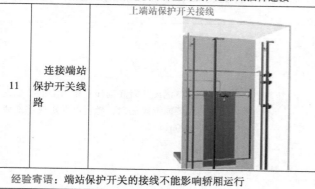	从控制柜到端站保护开关的接线也要先从上到下敷设在总线槽中，再经过分线槽与开关相连
	经验寄语：端站保护开关的接线不能影响轿厢运行		
12	安装紧固线槽盖	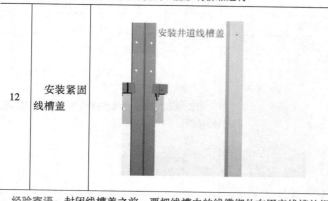	井道所有的电缆都敷设完成后，盖上线槽盖，拧紧固定好
	经验寄语：封闭线槽盖之前，要把线槽内的线缆绑扎在固定线槽的螺栓上，以减少电缆受力		

（续）

步序	步骤名称	安装步骤图示	安装说明
13	检修盒接线		把从井道总线槽下来的线通过底坑的线槽引到检修盒内
		经验寄语：检修盒布线应该是从外往里穿出，等接好线以后再固定面板	
14	照明灯和插座接线	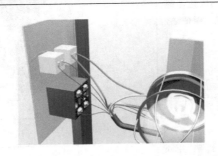	根据接线要求把照明灯和两个插座的线接好
		经验寄语：检修盒内的导线要留有一定余量，不能拉扯端子，线头固定拧紧，不能松动	
15	开关接线		把检修盒面板上的底坑照明开关、井道照明开关和急停开关的线接好 把检修盒的面板与其底座固定好
16	张紧轮开关接线		把松绳和断绳开关的支架固定在合适位置 把松绳和断绳开关固定在开关支架上，并调整好位置 把开关的线接好

经验寄语：当张紧轮下落 50mm 时，开关应该动作；线槽和张紧轮开关之间的接线采用蛇皮管保护

（续）

步序	步骤名称	安装步骤图示	安装说明
17	缓冲器开关布线		把从井道总线槽下来的线通过底坑线管和蛇皮管引到缓冲器开关，并把线接好

经验寄语：底坑布线要用线管，线管要和底坑地面有固定点

【工程验收】

井道布线施工结束后，可以按照表 5-11 的要求进行验收。

表 5-11　井道布线施工验收

序号	验收内容	参考图例
1	随行电缆架安装时，应使电梯电缆避免与限速器绳、限位开关、感应器和对重装置等接触和交叉，保证随行电缆在运行中不得与电线槽管发生卡阻	
2	在中间接线盒的下方 200mm 外安装随行电缆架。固定随行电缆架要用两个以上（视随行电缆重量而定）不小于 $\phi16mm$ 的膨胀螺栓，以保证其牢固	中间接线盒底面 膨胀螺栓 200 随行电缆架板　随行电缆架
3	轿底电缆架的安装方向应与井道随行电缆架一致，并使电梯电缆位于井道底部时，能避开缓冲器且保持不小于 200mm 的距离	

（续）

序号	验收内容	参考图例
4	轿底电缆支架与井道随行电缆架的水平距离不应小于：8 芯电缆为 500mm，16～24 芯电缆为 800mm	
5	保证在轿厢蹲底或冲顶时不使随行电缆拉紧，在正常运行时不蹭轿厢和地面；蹲底时随行电缆距地面 100～200mm 为宜	轿厢蹲底时随行电缆距地面 100～200mm
6	安装后不应有打结和波浪扭曲现象，多根电缆安装后长度应一致，以防因电缆伸缩量不同导致电缆受力不均	
7	导管、线槽的敷设应整齐牢固；线槽内导线总面积不应大于线槽净面积的 60%；导管内导线总面积不应大于导管内净面积的 40%；软管固定间距不应大于 1m，端头固定间距不应大于 0.1m	线槽与呼梯盒间采用蛇皮管连接
8	线槽的金属外壳有良好的保护接地（接零）。线管、线槽及箱、盒连接处的跨接地线必须紧密牢固、无遗漏	

【维护保养】

井道线路的维护保养要求见表 5-12。

表 5-12 井道线路的维护保养

序号	维保要求	图例
1	检查随行电缆，应无损伤	
2	运行电缆长度应一致，无打结扭曲、交叉现象	
3	当完全压缩缓冲器时电缆不得与底坑地面或轿厢底边框接触，如有异常应及时处理	

【情境解析】

情境一：连接某个电气元件的导线使用的是无护套线，但是没有防护措施。按规定，井道内应按产品要求配线。软线和无护套电缆应在线管、线槽或能确保起到等效防护作用的装置中使用。护套电缆可明敷于井道或机房内使用，但不得明敷于地面。

情境二：井道布线时，井道中的电缆与井道壁固定时使电缆本身受到拉力，这样可能使电缆的线芯被拉断，或者导致电缆的端子连接处脱落。正确的做法是把敷设在线槽中的电缆固定在线槽的每个螺栓上，这样就不会让线缆在垂直方向受力。

【特种设备作业人员考核要求】

【对接国标】

【知识梳理】

项目六

电梯调试及试验

设备、材料要求

某办公楼安装了一部电梯，单梯单井。梯型为 AC – VVVF，载重量为 750kg，人数为 10 人，梯速为 1.0m/s，电源电压为交流380V，建筑供电为三相五线制，电动机功率为 11kW，断路器容量为 30A，铜导线规格为 8mm^2，变压器容量为 8kV · A。机房通风一台，发热量为 4.72J×10^6/h，通风量为 540m^3/h，风扇尺寸为 ϕ25mm。需要对电梯进行各种试验及调试。

机具

本项目所用的仪表和器材见表6-1。

表 6-1 试验仪表和器材

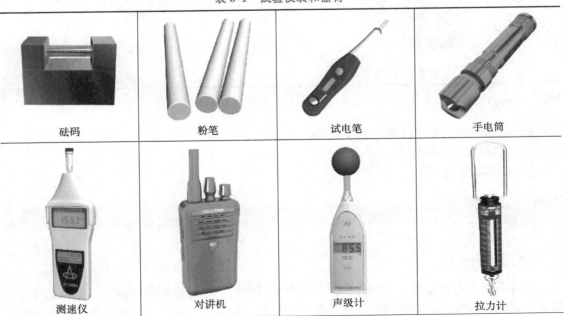

砝码	粉笔	试电笔	手电筒
测速仪	对讲机	声级计	拉力计

（续）

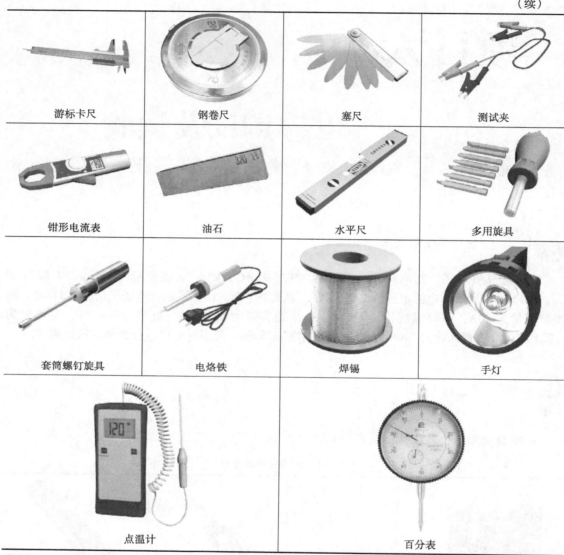

游标卡尺	钢卷尺	塞尺	测试夹
钳形电流表	油石	水平尺	多用旋具
套筒螺钉旋具	电烙铁	焊锡	手灯
点温计		百分表	

 作业条件

1）电梯机械和电气设备均安装完毕。
2）电梯的所有布线完毕。
3）电梯能够运行。

任务一　慢车/快车调试

【任务描述】

本任务是当电梯整体安装完成后，分别在机房和轿顶进行检修运行调试。在完成所有慢速运行试验后，电梯所有电气安全保护及机械安全保护装置均起作用，接下来进行快速运行

试验。学生通过完成本任务，可以掌握慢车/快车调试的前提条件、注意事项、调试步骤。

【知识铺垫】

电梯的机械部件和电气部件安装完成后，还要自上而下拆除井道内的脚手架，并进行井道和导轨的初步清扫工作。用原吊挂轿厢的起重设备把轿厢再升高一些，拆除原隔住轿厢的枕木，然后再用手拉葫芦使轿厢下行一段距离，低于最高层的层楼平面300～400mm。到井道底坑拆除对重下的填木。关闭各楼层的层门，以防止他人跌入井道内。

电梯的机械部件和电气设备均安装好以后，在通电调试前要对电梯进行一系列检查，检查要点见表6-2。

表6-2 电梯通电调试前检查要点

序号	检查对象	检查要点
1	机械安全部件	限速器、安全钳及限速器绳等均已安装完毕，且动作有效、可靠。电梯底坑部件安装完好。井道内无影响电梯运行的障碍物。厅门安装良好。厅门立柱与门洞之间封闭良好。导轨安装已经检验合格，钢丝绳安装正确、紧固。限位开关安装固定。限速器绳张紧轮安装正确。轿厢安装完毕，拼装紧固。随行电缆安装固定良好
2	机房的各电气部件和电气线路	控制柜上的检修/正常开关在检修位置，急停开关被按下。接线工作均已完成，接线正确，接线螺栓均已拧紧而无松动现象。各电气部件的金属外壳均良好接地，且其接地电阻不大于4Ω。线槽敷设规整，线槽间有铜片或黄绿线连接，控制柜安装定位规整。机房、井道保持整洁。轿厢门机安装正确
3	轿厢的所有电气线路	轿顶、轿内操纵箱、轿底的配置及接线工作均已完成。门机接线应正确。光幕接线正确。轿顶平层感应器接线正确，安装尺寸正确。确认井道、轿厢无人，并具备适合电梯安全运行的条件
4	机房与井道之间的接线	机房内控制屏、选层器、安全保护开关等与井道内各层楼的召唤按钮箱、门外指示灯、门锁电气接点等之间的接线正确，接线螺栓均已拧紧而无松动现象。每个层楼的通信插头接线接触良好，接线线号正确。锁梯层的锁梯钥匙开关接好
5	井道内各安全开关能有效动作	井道内上、下极限安全开关安装位置正确及开关动作有效。上、下限位开关安装位置正确及开关动作有效。上、下强迫减速开关安装位置正确及开关动作有效

【工程施工】

1. 安全

所有进入现场的人员，都必须穿好工作服、防护鞋，戴好安全帽，系好安全带。

2. 调试前检查

1）再次确认井道、轿厢无人。

2）无阻碍电梯运行的条件。

3）将总电源关闭，接上抱闸线至端子。

4）确认当前电梯处于机房紧急电动运行状态，确认安全回路，门锁回路均为通路。

3. 慢车/快车调试

确认参数设置后，则可进行机房检修运行调试。在机房检修运行正常后，在确认安全的前提下，可进行轿顶检修操作。在进行轿顶检修操作前，应确认轿顶检修运行线路正确。确认各按钮功能正常、轿顶急停安全开关功能正常。

若发现轿顶检修上、下方向按钮与电梯运行方向不一致，则应检查轿顶检修方向的线路，不能在控制柜中调换至变频器的方向指令或做其他变动。调试流程见表6-3。

表6-3　慢车/快车调试流程

序号	步骤名称	步骤说明	演示图片
1	扳动检修开关	把机房检修开关打到"检修"位置	
2	闭合开关	合上总电源，将控制柜急停开关复位	
3	查看制动器	点动按下机房"慢下"按钮，确认电梯运行方向 查看制动器是否打开和制动，曳引机有无异常 检查机房的急停按钮是否起作用。按下机房急停开关，机房检修不起作用，电梯不能运行。松开急停开关，检修起作用。此时，一定不要恢复检修开关至"正常"状态	
4	验证轿顶急停开关 验证轿顶检修优先	保持机房的检修状态，上轿顶，验证轿顶急停开关有效。按下轿顶急停开关，机房检修不起作用，电梯不能运行 把轿顶检修开关扳到"检修"状态，确认轿顶优先。方法如下：把机房检修、轿厢检修和轿顶检修的检修开关均扳到"检修"位置，则只有轿顶的"慢上"和"慢下"起作用 在轿内或机房进行检修操作，此时把轿顶检修开关扳到"检修"位置，电梯立即停止	

（续）

序号	步骤名称	步骤说明	演示图片
5	强迫减速开关、限位开关、极限开关的检查和调整	将轿厢向上运行，直至上限位开关动作，此时轿厢地坎应高出顶层层门地坎50mm 将轿厢向下运行，直至下限位开关动作，此时轿厢地坎应低于底层厅门地坎50mm 将上、下极限开关跨接后，将轿厢以此速度向上运行直至上极限开关动作，此时轿厢地坎应高出顶层厅门地坎130mm 将轿厢以此速度向下运行直至下极限开关动作，此时轿厢地坎应低于底层层门地坎130mm	
6	机房开快车	把电梯以检修速度运行至中间层，确认轿内无人、井道无人 机房模拟开快车，首先单层上下运行，然后多层上下运行	
7	轿内选层	进入轿厢，实际操作，测试选层信号、平层是否有误差，是否能运行至上、下端站层 在轿厢内按操纵箱上的指令按钮，电梯即可自动定出电梯运行方向，然后按已定方向开车按钮，电梯自动关门，待门全部闭合，电梯自动启动加速进入稳速运行。在即将接近已定的指令层时，电梯即自动减速制动，自动平层，停车开门。这样连续运行多次，使所有楼层均能正常启动、停车、开门	
8	测试开、关门按钮	应确认按开门按钮后，控制柜开门继电器吸合，门机进入开门运行。到达开门限位后，开门继电器断开，开门运行中止。应确认按关门按钮后，控制柜关门继电器吸合，门机进入关门运行，到达关门限位或门锁接通，在延时时间到后，关门继电器断开，关门运行中止	
9	检查井道各层显示板的显示	检查显示板的层楼显示在快车及慢车状态切换时，层显变化（层显检修指示及快车楼层显示）速度不应过慢。如过慢则应检查该显示板是否损坏，通信接线是否错误。如无显示，则应检查显示板是否损坏，电源线24V+、24V-接线是否正确。检查显示板的显示有无缺点阵、层显发暗，如果有，则立即更换	

（续）

序号	步骤名称	步骤说明	演示图片
10	调整限速器开关	精确调整限速器开关	
11	调整张紧轮开关	精确调整张紧轮开关	
12	调整安全钳开关	精确调整安全钳开关	
13	调整缓冲器开关	精确调整缓冲器开关	
14	调整平层装置	如果发现只有某层的准确度不好，其他均好的话，则可调整某层的隔磁板（或永久磁体）的位置即可；如发现所有楼层的停层准确度均相差同一数值时，则调整轿顶上的永磁感应器（或双稳态磁开关）位置即可	

【工程验收】

快车/慢车调试过程中，要对电梯进行相应验收，见表6-4。

表 6-4　慢车/快车调试验收

序号	示例图片	验收内容
1		检查轿厢地坎和层门地坎之间的水平间隙为 30~33mm。此处测量的是两个地坎间的水平间隙，不是垂直误差
2		检查层门门锁的门轮与轿厢地坎的外缘之间的间隙为 5~10mm。此处不一定是平层位置。检查每层平层插板安装位置、数量正确 检查轿顶两个平层感应器的中心间距，确认两个平层感应器的中心间距为 200~220mm
3		检查平层感应器与遮磁板之间的间隙均匀，不能有接触摩擦，遮磁深度不能太小。检查平层板插入平层开关约 2/3，并确定平层开关动作可靠
4		端站保护开关与碰铁位置合适，轿门地坎、门头板与井道壁之间的间隙合适，轿厢部件与导轨之间不能有碰撞 1. 端站强迫减速开关分为上端站强迫减速开关和下端站强迫减速开关 2. 将电梯以 0.25m/s 速度上行至上端站强迫减速开关动作，此时轿厢地坎低于顶层厅门地坎的距离应符合要求 3. 将电梯以 0.25m/s 速度下行至下端站强迫减速开关动作，此时轿厢地坎高于底层厅门地坎的距离应符合要求 4. 调整完毕，将所有接线恢复至该调整前的状态 5. 检查每层平层插板安装位置、数量正确
5		轿厢部件与井道中的线槽不能有碰撞、摩擦；随行电缆与井道固定部件没有刮蹭的可能。检查限速器绳应运行顺畅，无干涉，井道无突出的钢筋头。轿厢门头板、轿门地坎处无工具遗漏、水泥块、螺钉、榔头等物体

（续）

序号	示例图片	验收内容
6		在电梯运行至端站时，强迫减速开关需要动作，限位开关不能动作
7		下极限开关动作时，轿厢不能接触缓冲器 上极限开关动作时，对重不能接触缓冲器
8		测试电梯启动、加速、运行、减速、停车是否舒适。厅外呼梯按钮测试，查看功能是否正常

【情境解析】

情境一：电梯检修运行时，速度不正常，电动机抖动，变频器显示电流过大。

解析：可能原因有电动机编码器接线错误，需调换编码器 A、B 相。

情境二：有检修运行信号输入，但电梯不能运行。

解析：可能原因有观察主控制器有没有报出影响电梯运行的故障；如果有先参照故障表查出故障原因，排除故障后再运行。其他可能原因是变频器与主板的运行信号的连接线断开。变频器没有回到运行菜单。变频器速度段速没有设定。

情境三：电梯不能向上运行，只能向下运行。

解析：可能原因有上限位开关已动作（需特别注意外部开关的连接与主控制器的输入设定相搭配）。电梯上强换开关和门区信号同时动作。另一可能原因是下限位开关已动作（需特别注意外部开关的连接与主控制器的输入设定相搭配），下强换开关和门区信号同时动作。

情境四：给电梯一个上行信号，电梯却下行。

解析：应立即切断总电源，使电梯紧急停车，然后更换曳引机进线端的快速运行绕组的相序（交流梯）。原因是曳引机的输入电源相序不对，应该调换相序。但是应该在变频器的输出和曳引机之间调换，而不能调换控制柜的电源相序。

【特种设备作业人员考核要求】

任务二　　门联锁电路调整

【任务描述】

本任务调整轿门门锁和各层门门锁的啮合关系，让门联锁电路正常接通和断开，同时验证机械门锁的锁闭情况。学生通过完成本任务，可以掌握门联锁电路的组成、连接关系、调整方法、注意事项、验收要求等。门联锁电路示意图如图6-1所示。

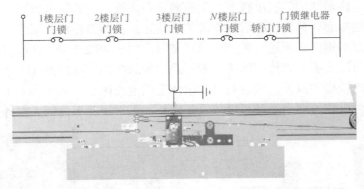

图6-1　门联锁电路

【知识铺垫】

一、层门门锁

门锁装置是安全回路的一部分，分为层门门锁和轿门门锁。层门门锁装置由主门锁和副门锁构成，两者串联。主门锁由锁盒、锁钩和一对触点组成，锁钩和触点在锁盒内部。所有层门的门锁触点串联在一起，所有的层门完全关闭，锁钩和触点可靠接触后电梯才能运行。层门门锁如图6-2所示。

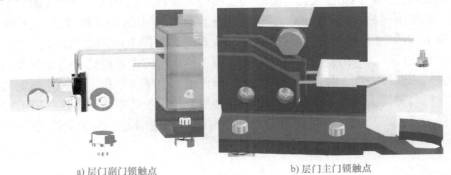

a) 层门副门锁触点　　　　　　　　b) 层门主门锁触点

图6-2　层门门锁

门锁装置有两种形式：一种是机械门锁，其作用是当电梯轿厢不在某一楼层停靠时，这一层的层门应被机械门锁锁闭而不能打开。另一种是电联锁，其作用是当电梯的层门打开时，电联锁的触点就断开，于是就切断了电梯的控制回路，电梯就无法运行。只有在轿门、层门都关好使电联锁触点接通后，才使电梯控制回路接通，电梯才能运行。

机械门锁与电联锁设计组成一体的钩子锁称为层门钩子锁。电梯运行时，安装在轿门上的门刀从层门门锁上的两个橡胶轮之间通过。当停站开门时，门刀处于层门门锁两个橡胶轮之间，门刀带动层门横向移动，如图6-3所示。

二、轿门门锁

电梯轿门门锁装置包括门刀装置和门锁装置，门刀装置和门锁装置固定在门刀底板上，门刀底板固定在电梯轿厢的门机吊板上，锁座固定在座板上，其技术要点：所述门刀装置的上连板上固定上连板套，该上连板后侧连接传动装置；在门刀底板上固定的锁体轴铰接带锁钩和动门开关触点的锁体，所述座板上还固定带限位螺栓的限位架，在门刀装置的上连板与限位螺栓之间的门刀底板上铰接带凹槽、撞耳及扭簧的拨架，在门刀底板上与门刀平行设置通过轴和连板依次铰接的撞板，撞板向外的锁体上固定锁体套，如图6-4所示。在轿门锁闭时，除专业人员可以在外侧用手动解锁装置开启外，正常情况下任何人在外侧都无法开启。

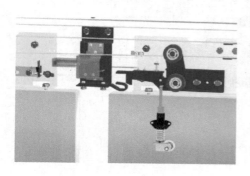

图6-3　层门门锁滚轮和层门

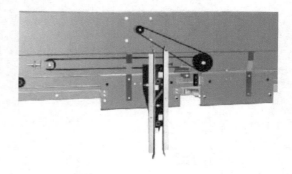

图6-4　轿门门刀

三、层门和轿门的动作关系

层门是被动门，轿门是主动门，是轿门上的门刀带动层门上的门球运动的。至于怎么带动，不同厂家是不同的。通俗地讲，当轿门没有运动到层门的位置时，层门上是有锁把层门锁住的，锁上有两个门球，当轿厢运动到层门位置时，轿门上的门刀与层门上的门球结合，有的是门刀夹住门球，有的是门球在门刀的两侧，然后门刀带着门球，门球带着门锁，层门就打开了。轿厢到每一层，都由限位开关把信号传递到电梯控制柜，电梯控制柜再控制轿厢上的门机开门和关门。门机上面还有一个变频器控制门机上的电动机，控制门机准确开关门的信号来自于双稳态开关（也有编码器）的信号输入到变频器，变频器再控制电动机的正转和反转。

【工程施工】

门锁装置测量与调整的流程可按照表6-5进行。

表 6-5 门锁装置测量与调整

序号	步骤名称	图示	说明
1	断开门锁电路		1. 测量时需两人配合 2. 首先断开门锁电气接点的连接导线
2	测量阻值		一人手动关门，另一人用万用表欧姆档测量门锁电气触点的阻值
3	测量啮合间隙		当万用表指针指向零位时，说明阻值为零，触点导通，此时用钢板尺测量的层门门锁啮合的垂直尺寸，不应小于7mm

经验寄语：了解啮合深度的要求，啮合7mm后电气接点接通

【工程验收】

测量调整好门锁装置后，可以按照表6-6的要求对门锁电路进行验收。

表6-6　门锁电路验收

序号	验收内容	图示	说明
1	检查层门锁闭装置		检查每层锁闭装置，每层层门必须设置锁闭装置
2	层门打开		轿厢到达本层层门后，层门才能打开
3	层门锁闭保持		层门张紧装置应能承受不小于150N外力的作用，保持门扇的锁闭状态
4	验证层门锁闭	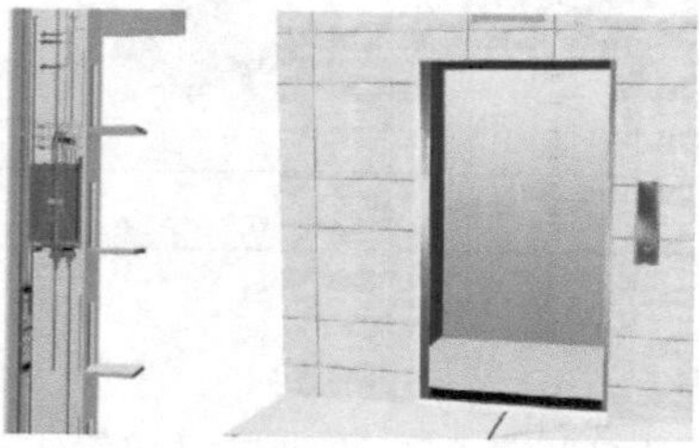	任何一层门打开，都可以使电梯停止运行； 被打开的层门完全关闭后，电梯才能继续运行

【情境解析】

情境一：一台正常运行的电梯，电梯层门处出现剪切、碰撞事故。

解析：导致这种事故有人为因素也有非人为因素。人为因素有①门锁开关被短接；②应急按钮被短接；③门锁电路短接。非人为因素：①门锁开关触点不断开；②门锁继电器延时断开或不断开；③门锁电路故障短接。由于上述人为因素或非人为因素造成门联锁失效，而电梯在层门开启即未完全关闭时仍可以运行，这种情况下，如果有人在层门与轿门之间，就可能发生剪切、碰撞事故。在电梯维修期间发生的这类事故，多数是由于检修人员不按规范进行检修工作。如开启厅门而不设立危险标志或派人看守，短接安全回路情况下行车等造成层门处事故。这方面可以通过加强对维修人员的培训管理，提高检修人员的安全意识等手段来控制。

情境二：电梯门联锁失效导致电梯出入口事故。

解析：导致电梯门联锁失效的主要原因有电梯失保失修，电梯检修人员违章作业，门锁电路意外短路。

处理方法：①在使用的电梯必须装设有效强迫关门装置。②所有客梯必须装设辅助门锁触点，即每个层门必须有主、副两套门联锁装置。③重点检查维护电梯层门的门锁及联锁装置、强迫关门装置。④行车中在任何情况下不可短接安全回路及门锁回路。⑤在轿厢不停本楼层而层门开启的情况下，必须设置临时护栏及警示牌或派人看护。⑥当检修人员在机房进行检修时，必须采取相应的措施使电梯门不能开启，避免人员出入电梯。

【特种设备作业人员考核要求】

任务三　平层准确度测定及调整

【任务描述】

本任务是在电梯上行、下行过程中，单层运行和多层运行平层停车时，测量轿厢地坎和层门地坎的垂直距离并判断是否符合要求。学生通过完成本任务，可以掌握平层准确度测量及调整的方法、步骤、注意事项和验收要求。

【知识铺垫】

一、平层及平层准确度定义

平层是指轿厢接近停靠站时，欲使轿厢地坎与层门地坎达到同一平面的动作，如图 6-5 所示。

平层准确度是指轿厢到站停靠后，轿厢地坎上平面与层门地坎上平面垂直方向的误差值。

平层准确度应符合表 6-7 的规定。

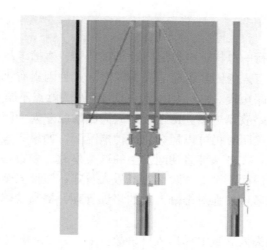

图6-5 电梯平层

表6-7 平层准确度范围

电梯类型	额定速度/（m/s）	平层准确度/mm
交流双速电梯	0.25，0.5	≤±15
	0.75，1.0	≤±30
交、直流快速电梯	1.0～2.0	≤±15
交、直流高速电梯	>2.0	≤±5

二、电梯平层的原理及步骤

电梯平层感应器一般有磁感应式和光电感应式，如图6-6所示。隔磁板安装在电梯井道内每个层站平层域内。当轿厢运行到某一平层区域时，该板插入轿厢顶上的平层感应器内，切断感应器回路，并将信号传入机房控制系统中，以实现楼层计数及电梯平层、停车、开关的控制。磁感应器有两组点，一开一闭，按要求接好线。光电感应器原理也是一样，只是接线有区别。

a) 平层磁感应器

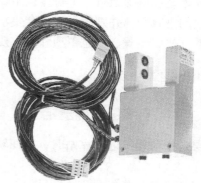

b) 平层光电感应器

图6-6 平层感应器

要使电梯在到达平层区域后能自动平层，必须有一套自动控制系统，即电梯的自动控制装置。该装置的控制部分是干式舌簧感应器。它是将两只镍合金片密封在玻璃管内，置于 U 形磁铁的对侧，磁铁与舌簧管之间相距 28~40mm。干式舌簧管在强磁场的作用下，常开触点闭合，常闭触点断开。感应器安装在轿厢上，随轿厢一起运动。在电梯平层区域的井道内安装有隔磁板，当其插入感应器缺口后，遮阻了大部分磁力线，使作用于簧片的磁场减弱，舌簧管内的簧片在自身力的作用下恢复常态，从而完成平层动作。

【工程施工】

平层准确度测量与调整步骤见表 6-8。

表 6-8　平层准确度测量与调整步骤

序号	步骤名称	操作演示	说明
1	确认空载		电梯轿厢空载
2	运行		电梯单层上、下运行；电梯多层上、下运行；全程上、下运行
3	测量		每次停车时，在地坎中间位置，测量轿门地坎和层门地坎的垂直偏差
4	运行到底层		电梯运行到底层平层位置

（续）

序号	步骤名称	操作演示	说明
5	额定载重		加额定载重的砝码，单层，多层，上、下运行
6	测量平层准确度		在地坎中间位置，测量轿门地坎和层门地坎的垂直偏差，记录在相应表格中

【工程验收】

测量完平层准确度以后，可以按照表6-9的要求进行验收。

表6-9 平层准确度验收

序号	验收要点
1	电梯无论上行还是下行至中间楼层停车时，停车位置具有重复性（即每次所停位置之间的误差 < ±(2~3) mm
2	1）电梯逐层停靠，测量并记录每层停车时轿厢地坎与厅门地坎的偏差值 ΔS（轿厢地坎高于厅门地坎时为正，反之为负） 2）逐层调整门区桥板的位置，$\Delta S > 0$，则门区桥板向下移动 ΔS。若 $\Delta S < 0$，则门区桥板向上移动 ΔS 3）门区桥板调整完毕后，必须重新进行井道自学习 4）重新进行平层检查，若平层准确度达不到要求，则重复步骤1）~3）

【情境解析】

情境一：电梯正在运行，轿厢中的一个老太太和另外一个乘客专心聊天，电梯到站停车后，轿厢开门，老太太一边继续聊天一边后退，打算退出轿厢，不料被层门地坎绊了一跤，摔倒在地，造成骨折。

解析：经过检测，此次的平层准确度不符合要求，轿厢地坎比层门地坎低了10cm左右，所以造成了行动不便的老人在进出轿厢时摔倒。原因可能是其中一个平层感应器失效。

情境二：某医院有一台医用电梯，有时平层很好，有时平层准确度不符合要求，给病人和病床的出入带来麻烦。

　　解析：经过检测，电梯的机械结构和电气线路均无故障，但是，确实频繁出现不能准确平层的现象。经过电梯专家的进一步分析和设想，查找到是由于安装在机房的一组电子设备干扰到电梯的控制系统，影响了电梯的平层。根据规定，电梯机房和井道中，是不运行安装电梯设备以外的其他设备，以免对电梯系统造成影响。

【特种设备作业人员考核要求】

任务四　　电梯称重装置开关调整

【任务描述】

　　本任务是调整电梯的轻载、满载和超载开关，让轻载开关在轿厢载荷≤10%额定载荷时起作用，满载开关在轿厢载荷达到80%额定载荷时起作用，超载开关在轿厢载荷≥110%时起作用。学生通过完成本任务，学会调整这三个开关的步骤、方法、注意事项和验收要求。

【知识铺垫】

一、电梯的静载试验

　　将电梯置于最低层，切断动力电源，使轿厢的载荷平稳地加至150%的额定载重，则除了曳引钢丝绳的伸长以外，曳引机不应转动。如果转动则说明电磁制动器的弹簧制动力矩不够，应压紧其弹簧。如曳引钢丝绳在曳引轮绳槽内有滑移现象，说明曳引钢丝绳内的油性太大，致使其与绳槽的摩擦力太小。应清除曳引钢丝绳的油污或调整导向轮的上下位置，使曳引钢丝绳在绳轮上的包角增大，从而增加摩擦力。

　　一般来说，静载是按照一个标准进行的，客梯和医用电梯以及2t以下货梯需承载200%的额定载荷，而其他各类电梯需要承载150%的额定载荷。这时电梯要保持静止状态，然后搬入前述规定载荷的重物，电梯静止10min承载重物，而电梯系统内各承重构件没有发现损坏，并且还要检查电梯钢丝绳、曳引绳是否存在滑动移位，制动系统是否可靠。

二、电梯的超载试验及其调整

　　1）对于有/无司机两用的集选控制电梯，在轿厢内载荷达到额定载重的110%时，其超载装置动作，使电梯不能关门，也不能开车。如果不能起作用，应予以调整（一般调整轿底机械式称重装置的秤砣位置和开关位置或电子式称重装置的相应电位器）。

　　2）规范规定电梯应在断开超载控制电路、110%的额定载荷、通电持续率40%的情况下到达全行程。范围：启制动运行30次，电梯应能可靠地启动、运行和停止（平层不计），曳引机工作正常。规范规定，当轿厢面积不能限制载荷超过额定值时，需做此项试验，历时10min，曳引绳无打滑现象。

　　电梯的超载试验应符合下列要求：轿厢应载以额定起重量的110%，在通电持续率40%

的情况下，历时 30min，电梯应能安全地启动和运行，制动器作用应可靠，曳引机工作应正常。电梯超载时电梯应当报警并保持开门、电梯不能开动、切断控制电路。

【工程施工】

电梯称重装置开关调整见表 6-10。

表 6-10   电梯称重装置开关调整

序号	步骤名称	参考图例	步骤说明
1	检修慢下		上轿顶，将电梯调整为检修状态，电梯慢下
2	下至底坑		电梯慢下至底坑
3	断开超载电路		让超载开关不起作用
4	轿顶急停和检修		在轿顶按下急停，扳至检修

（续）

序号	步骤名称	参考图例	步骤说明
5	装砝码		往轿厢内装砝码，均匀分布，载荷为额定载重的110% 上轿顶，恢复电梯的急停和检修
6	单层运行 机房观察		电梯单层上、下运行 机房人观察曳引机、钢丝绳、制动器的工作是否正常
7	轿内观察		轿内人感觉轿厢运行状态
8	调整超载开关		调整超载开关，把超载开关调整到刚好动作的位置 此时，超载灯亮，蜂鸣器响，电梯不关门、不运行
9	加减砝码进行验证		卸下一个人重量的砝码，超载报警取消，再装上一个人重量的砝码，再次超载报警 反复几次，验证超载开关有效

【工程验收】

把电梯称重开关调整好后，可以按照表6-11的要求进行验收。

表 6-11 电梯称重装置开关验收

序号	验收要求
1	验证轻载开关：在轿厢内放入低于10%额定载荷的砝码，在轿内操纵箱上按下多于一个的选层按钮，电梯应该只响应最近一个选层信号，到达后全部消号
2	验证满载开关：在轿厢内装入80%额定载荷的砝码，轿内选层，电梯运行，厅外呼梯同向外召，电梯不响应外召，直驶到内选楼层
3	验证超载开关：在轿厢内装入110%额定载荷的砝码，超载灯亮，有超载报警声音，电梯不关门，不启动。卸下一个人重量的载荷，超载现象消失，电梯正常启动运行

【情境解析】

情境一：某培训中心电梯，6层，额载1000kg，13人。电梯一下涌入18人，从6层开始溜梯，安全钳动作，造成困人。

解析：超载报警装置有效，但因电梯瞬间严重超载，抱闸制动力不足以制停住瞬间超载的轿厢，溜车坠梯。

情境二：某酒楼电梯，7层，1000kg，13人。电梯乘载14人（轻量人员），向下运行时发生故障，乘客被困电梯轿厢达半小时。

解析：电梯乘载14名乘客，超载装置有效，但未报警，这是由于该电梯轿厢重新装修，轿厢实际载客量比原额定载客量小，电梯实际已经处于超载运行状态，电梯控制系统过载驱动保护动作，造成电梯停止运行，从而出现困人事件。

情境三：某医院一台病床电梯，1000kg，1.75m/s，17层/17站/17门（含地下室一层），一日电梯空载上行，在15层进去6个人，电梯响应外呼继续上行，到16层开门，此时厅外站了大约40个护士，在走进轿厢10人左右时，监控录像里清晰地显示了超载信号，但是可能当时人多声音大，加上大家回家心切，此时乘客并未注意到超载报警提示，在连续又走进去17个人时，电梯突然下坠，然后安全钳动作，将轿厢制停在导轨上。

解析：静载试验合格，说明该梯抱闸制动力及曳引轮和钢丝绳之间的摩擦力都足够。经试验该梯超载时仍然执行门开启状态下的再平层运行，由此可知该事故原因：电梯严重超载时，轿厢下沉，离开平层位置，电梯做再平层运行，但此时电动机输出转矩不足，而抱闸已打开，造成溜车坠梯。

【特种设备作业人员考核要求】

任务五 电梯平衡系数测定及调整

【任务描述】

本任务通过测量不同载重量情况下的曳引机电流来描述电梯的平衡系数。学生通过完成本任务，可以掌握平衡系数的测量方法、注意事项和验收要求。

【知识铺垫】

一、平衡系数的含义

平衡系数是表示对重与轿厢（含载重量）相对曳引机的对称平衡度。对重侧对重块放置的多少与轿厢的自重和额定载重量总和有关。假如对重的总重量等于轿厢自重加轿厢内所载负荷重量时，曳引机输出的曳引力矩最小（只需克服摩擦力）。国标规范要求平衡系数值为 40% ~50%。在综合考虑电梯空载下行和满载上行等特殊条件运行的最大曳引力矩后，其理想值应选取 50%。

平衡系数是电梯运行平衡状态参数，影响驱动电动机的输出功率。曳引式电梯使用对重的主要目的是为了降低电梯驱动电动机的功率消耗。额定载重量为 1t、速度为 1.5m/s 的 6 层 6 站曳引式电梯，可以使用功率为 15kW 的驱动电动机，而额定载重量为 1t、速度 1.5m/s 的 20 层 20 站电梯，同样也可以用功率为 15kW 的驱动电动机。因为无论 6 层 6 站，还是 20 层 20 站，两台电梯在运行中，其对重侧与轿厢侧重量不平衡状态量基本一致，曳引轮上形成的力矩差基本相同，因此都可以使用 15kW 功率的驱动电动机。

二、配重选择

对重配重多少才合适呢？对重装置重量等于轿厢自重加上轿厢内负载，这样曳引机运行负荷最小。但轿厢内负载经常变化，每次运行时都是从空载到满载之间的某一个不确定值，而对重在电梯安装调试完毕后已经确定，不能随便改变，所以上述理想的平衡状态很少存在。但是我们可以选择恰当重量的对重或者说选择一个合适的平衡系数，使电梯平常运行时能接近理想的平衡状态。

电梯运行速度曲线是固定不变的，电动机输出力矩 M 就是影响电梯输出功率的唯一变量，从电梯结构看，电动机输出力矩直接受到电梯对重侧重量与轿厢侧重量的不平衡状态量影响。如果曳引轮两边的不平衡量很大，当电梯运行方向与这种不平衡转矩反向时，电动机要输出较大力矩，消耗更多电能；当运行方向与其一致时，电动机处于发电状态，这一部分势能又以电的热效应损失，消耗在放电电阻上。当电梯对重侧与轿厢侧的重量平衡状态下运行时，电动机输出力矩最小，其功率和消耗电能也最小。载重量为额定载重量的 40% ~50% 的工况最多，因此平衡系数要求在 0.4 ~0.5，这样两侧的重力差最小，所需输出力矩最小。

每台电梯平衡系数 K 取 0.4~0.5 之间哪个值较为理想，调试时可根据电梯的具体情况决定。如果电梯经常轻载运行，平衡系数可取接近规范下限值（0.4）；如果电梯经常重载运行，则取接近规范上限值（0.5），这时电能消耗最少。

【工程施工】

平衡系数测量步骤见表 6-12。

表 6-12 平衡系数测量步骤

序号	步骤名称	说明	参考图例
1	调整位置	将轿厢开到中间位置,使电梯和对重在同一平面上	
2	做标记	在机房曳引钢丝绳上做一明显的标记	
3	轿厢至底层	将轿厢运行到底层	
4	装砝码	轿厢装入30%额定载荷的砝码	
5	上行测量	连续快车运行至顶层,使轿厢运行到与对重在同一水平位置 在机房的两个人,一人记录和看曳引轮上的标记,一人用钳形电流表测量电流值	
6	下行测量	电梯从顶层快速运行至底层,同一位置记录电流值	

（续）

序号	步骤名称	说明	参考图例

| 7 | 填表 | 重复以上步骤，在轿内载荷40%、50%、60%时，测量电流值，将以上测量电流值记录在表中 | 见右侧图表 |

参考图例表（序号7）:

项目		上行	下行	上行	下行	上行	下行	上行	下行
极重量	额定载重量百分比/%								
	载重量/kg								
电压值/V									
电流值/A									
电动机转速(r/min)									
轿厢速度/(m/s)									
平衡系数精确测试		以负载量的额定百分比为横坐标，以电流大小为纵坐标，将上行数据归纳在一起，在负载电流坐标上画一条上行负载曲线；同样，将下行数据归纳，也画一条下行负载曲线，两条曲线的交点所对应的横坐标值就是平衡系数							
平衡系数的调整		如果平衡系数偏小(低于40%)，说明电梯的载重量变小，应该增加对重的重量。由不足的百分比和额定载重量换算出对重侧每块的数量，加到对重架上。反之，平衡系数偏大，应该减少对重的重量。在调整了对重大小以后，应根据平衡系数精确测定方法程序再做一次，重新画曲线，直到平衡系数达到要求为止							

| 8 | 绘图、测定 | 根据测量数据，绘制电梯上下行负载曲线图，两条曲线的交点所对应的横坐标就是平衡系数 | 电流值曲线图 |

电流值I/A 纵坐标；下行曲线、上行曲线交叉；应增加对重(kg)、应减少对重(kg)；负载量% 横坐标：0 30% 40% 45% 50% 60%

【工程验收】

按照表6-12的步骤测量完成后，可以使用绘图方式测定电梯的平衡系数。

如果测定的平衡系数在40%～50%，说明合格。如果低于40%，说明对重配重太小；如果高于50%，说明对重配重太大，均需调整。

【情境解析】

情境：某酒店的一部乘客电梯，7层7站，额定速度1.5m/s，额定载重量1000kg，限载13人。为了美观，对轿厢进行了大面积的装潢。结果，此货梯在未满载的情况下从3楼下行过程中突然发生溜车，蹲底，乘客被困，幸好未造成人员伤亡。

解析：经过对事故现场进行检验和调查，得知该客梯安装完成后，测量电梯的平衡系数为46%，经过特种设备检验部门验收合格，投入使用，但是后来又对轿厢进行大面积装潢，同时也未改变对重的重量。装潢后也没有进行再次检验。经过现场检测，该电梯的平衡系数为20%，远低于40%的最小要求。同时检测到了此台电梯的制动器制动力不足，限速器-安全钳联动功能失效。

【特种设备作业人员考核要求】

【对接国标】

【知识梳理】

参 考 文 献

［1］上海市电梯行业协会．电梯安装技术［M］．北京：中国纺织出版社，2013．
［2］曹祥．电梯安装与维修实用技术［M］．2 版．北京：电子工业出版社，2020．
［3］刘爱国．电梯安装与维修实用技术［M］．郑州：河南科学技术出版社，2008．
［4］白玉岷．电梯安装调试及运行维护［M］．北京：机械工业出版社，2010．